建筑导论

主　编　任洪国
副主编　刘玉晨　蔡朝阳　刘　颖
　　　　杨　振　霍海鹰

中国建材工业出版社

图书在版编目（CIP）数据

建筑导论/任洪国主编．--北京：中国建材工业出版社，2021.9（2022.8 重印）

ISBN 978-7-5160-3245-9

Ⅰ.①建… Ⅱ.①任… Ⅲ.①建筑学—研究 Ⅳ.①TU—0

中国版本图书馆 CIP 数据核字（2021）第 119465 号

内容提要

本书主要内容包括：设计学概论、建筑概论与建筑设计。本书首先从设计学的研究范围、历史发展与设计的类别入手，展开阐述了建筑学领域中建筑的物质功能性、物质技术性、社会文化性，剖析了建筑设计思维、手法，归纳了方案设计要点。

本书可供建筑学、城乡规划、风景园林、环境设计等相关学科专业进行教学和学习参考。

建筑导论

Jianzhu Daolun

任洪国　主编

出版发行：中国建材工业出版社

地　　址：北京市海淀区三里河路 11 号

邮　　编：100831

经　　销：全国各地新华书店

印　　刷：北京印刷集团有限责任公司

开　　本：787mm×1092mm　1/16

印　　张：11.25

字　　数：260 千字

版　　次：2021 年 9 月第 1 版

印　　次：2022 年 8 月第 2 次

定　　价：58.00 元

本社网址：www.jccbs.com，微信公众号：zgjcgycbs

本书如有印装质量问题，由我社市场营销部负责调换，联系电话：（010）57811387

本书编委会

主　编： 任洪国

副主编： 刘玉晨　蔡朝阳　刘颖

　　　　　杨　振　霍海鹰

参　编： 刘　远　李海宏　尚海超

前　言

建筑导论是建筑设计入门学习的基础和总览，本书可供建筑学专业、城市规划专业、风景园林专业、环境设计专业等人居环境大学科下的相关专业师生学习与参考。

本书共分为三篇十一个章节，主要内容：第一篇为设计学概论，包括设计学的研究范围及特征、设计学观念的历史发展、设计的类别；第二篇为建筑概论，包括建筑与建筑学、建筑的物质功能性、建筑的物质技术性、建筑的社会文化性；第三篇为建筑设计，包括建筑设计概述、建筑设计思维、建筑设计手法、建筑方案设计。

本书在编写过程中总结了国内外建筑的实践经验和专业理论，全面、系统、详尽地阐述了建筑相关的基础知识，在注重科学性与艺术性的基础上，交叉多学科领域的专业理论知识，并加入了经典案例分析，以期读者能够更好地理解与掌握理论知识和实践技能。

编者多年从事本科教学工作，积累了一定的教学经验和建筑设计实践经验。作为一名建筑设计专业的教师，在此殷切希望学生充分利用在校的有限时间，刻苦学习理论知识并进行实践训练，进一步提高自身设计能力，在建筑设计领域找到自己的一席之地。

本书由河北工程大学任洪国策划、编写并统稿，主要编写人员为河北工程大学刘颖（第一、二章），河北工程大学霍海鹰、李海宏、尚海超、刘远（联合编写第三章），河北工程大学蔡朝阳（第四、五章），黑龙江科技大学杨振（第六、七章），河北工程大学刘玉晨（第八、九、十、十一章）等8位老师。河北工程大学邓蕊、敖涵君、柴庆茹、周杨、陈佳慧、高禹慧、周冠霖、陈昱文、邢煦等9位同学参与部分文字整理和制图工作，为本书的顺利出版付出了很多辛劳，在此一并表示感谢！

本书在编写过程中参考并借鉴了国内外学者的著作，在此对他们表示衷心的感谢。由于本书涵盖内容较多，且编者的理论水准与实践经验有限，在编写过程中难免存在不足之处，恳请广大同仁及读者批评指正。

编　者

2021年6月

目　录

第一篇　设计学概论

第二篇　建筑概论

第三篇　建筑设计

第一篇　设计学概论

第一章　设计学的研究范围及特征

改革开放以来，我国城镇化发展分为以中小型城市为主导的稳步发展阶段和以大型城市为主导的快速推进阶段。随着我国经济的持续快速增长，城镇化进入加速发展阶段，与此同时，城市人口和建设规模快速增加，城市空间结构和交通系统也发生了较大的变化。进入21世纪，城市化发展成为世界发展的主流，发达国家的城市化进程达到了较高的水平，增长速度较为平稳，而我国作为发展中国家，目前正处于加速发展阶段。因此，如何解决城市化发展带来的城市交通问题和城市空间发展失衡问题，实现城市交通和城市空间可持续发展，是一个值得深入研究和探讨的问题。

1969年，心理学家赫伯特·西蒙（Herbert Simon）首次提出"设计科学"的概念，并将其作为学科门类。其著名论文《关于人为事物的科学》以人的创造性思维及物的合理结构之间的辩证统一及互为因果关系为出发点，以人的思维活动为切入点，总结设计科学基本框架，其中包括设计科学的定义、研究对象及实践意义，自此设计学成为独立的新兴交叉学科体系。我国的设计学发展是从美术学开始的。"美术"一词最早来自日语，实际上指的是艺术，设计艺术学少了"艺术"二字变成设计学，这让设计成为一门与美术学有区别的学科。在很长一段时间里，工艺美术与美术史和建筑史息息相关，蔡元培在《美术的起源》一文中认为美术专指建筑、造像（雕刻）、图画与工艺美术等。因此工艺美术一直被纳入美术学的范畴，作为美术学的一个分支来进行研究。在当时，工艺美术与美术是相对应的，它们最大的不同点在于：美术是为了欣赏而做的作品，而工艺美术则是设计实用的产品，前者是"观赏艺术"，而后者则是"实用设计"。所以美术界谈当代艺术而不太说当代美术。我国把设计学科放在美术学院里，顶尖的设计学府也叫中央工艺美术学院（清华大学美术学院前身），可见原来不讲设计只讲工艺，原来的工艺就是现在设计的前身。近年来经济向好，社会需要设计人才，加之高校扩大招生，各大美院都增加了设计专业。设计专业放在美术学院里并非不可，但两者的研究方向不同。以纯艺术为主的美术学院培养国油版雕及综合艺术人才；以设计学为主的教育则是培养设计实用人才，如产品造型、包装设计、影视制作、服装设计等同产品、造型、产业相关的设计人才。以前在美院的设计教学受纯艺术教学体系的过度影响，往往从美学、色彩、构图、形式等入手，学生对产品所要求的内部结构、材质、人体工程学、加工工艺甚至电脑软件操作等知之甚少，毕业后很难参与实际工程，使设计学逐渐作为一门独立的学科发展起来。设计讲究创意，但与纯艺术创作有所不同。就其主要方面而言，纯艺术是作者对作品创作更多地融入自身对作品的主观理解与美学素养，而设计师就像“戴着枷锁跳舞的人”对所设计产品的企业相关文化、产品定位、市场需求有深入了解，设计师所设计的产品要新颖，要引领潮流，带动消费，并且对产品的表达要更多地考虑市场与消费者的反应。

德国公立包豪斯学校是当代设计的起源，其本质具有先进性，它对待新材料的态度、机器化生产的新技术、成本核算的新观念等具有十分旺盛的生命力，其创造性引领设计潮流，直到现在包豪斯时期的产品设计仍不断再版，具有强大的市场影响力（图 1-1）。现行的设计教学对现代艺术非常青睐，但是设计专业的学生并不太关心当代艺术。对现代艺术已有的成果直接拿来使用，缺乏独立创新，只有了解熟悉世界现代艺术文化现状，并且深入研究本国历史文化资源，才能让学生在学习期间打下坚实而富有灵性的基础。

图 1-1　密斯·凡·德罗作品——巴塞罗那椅

设计作为一种人类特有的生存方式，也是人的本质特征之一。所谓设计学，简单地说就是关于设计这一人类创造性行为的一门学科，是早期人类有关生产生活经验的一种总结。在古代中国文献《周礼·考工记》中记载：“天有时，地有气，材有美，工有巧，合此四者，然后可以为良；材美工巧，然而不良，则不时，不得地气也。”古汉语里一直用“经营”来指设计行为。中国先秦时期的《考工记》和古罗马学者老普林尼的《博物志》是最早对设计进行研究的记载，但是直到 20 世纪 60 年代才被纳入科学的表现规范和描述范畴。“二战”后新工艺新材料的发明和新的社会需求的产生，使人们对产品的功能与形式有更高的追求。流水化生产模式将设计本身解放出来，设计越来越朝着改善产品功能、创造市场、改变人的生活方式等方向发展。

第一节　设计学的研究范畴

设计学是人类创造性行为——设计的理论研究。设计以功能性与审美性的辩证统一为终极目标，因此，设计学的研究对象便与功能性和审美性息息相关，梳理设计学与其他学科之间的关系是非常重要的，可以从相关的学科关系中发现设计学的自身特点和研究范围。设计学是基于自然科学、社会科学、人文科学而产生的新兴学科，因此，通常以构成世界的三大要素——人、自然、社会构成设计学的基本体系。

其中，自然科学融入技术研究无机物与有机物现象的科学，人文社会科学以研究人、人与自身、人与群体的关系为主，设计学主要是研究人与物的关系，从这个意义上讲，设计学横跨了科学技术与人文社会科学两大领域。

因此，设计学是研究自然科学和人文社会科学相融合交叉性的一门学科。虽然如此，“设计”主要考虑人造物，然而人造物数量过于庞大，门类繁多。虽然“设计学研究”着重于普遍的设计问题，但是设计学研究合情合理的出发点仍然是阐释设计本身，这就是设计的内部研究领域。归纳为以下四个方面的内容：

一、设计内部研究领域

1. 设计历史

设计史研究注重设计起源及演变过程，设计发展的逻辑结构，从民族性、地域性、文化结构等方面把握中外设计整体的、真实的历史景象。

综上所述，工艺美术的历史研究应包括两个层次：一是纵向研究，即系列性、顺序性研究，也是历时性研究，以时间上的延续性为主，具有编年史的特点，研究重点在于把握工艺美术本身有数千年的历史发展，了解工艺美术历史发展的更迭、工艺美术现象及其变迁发展的事实等；二是横向研究，即研究同一时期共存的工艺美术、工艺美术现象及有关事件，是共时性研究。共时性以典型性或时代性为研究侧重点，主要涉及工艺美术与当时的社会、经济、政治和宗教等因素之间存在的关系及其相互影响。工艺美术史学的根本任务，在于使用科学的方法概括和说明中国工艺美术的发展历史，以实事求是为原则，以详细占有历史资料为前提，具体而深刻地分析揭示工艺美术发展的历史规律，总结历史的经验教训，古为今用，为现代设计艺术的发展提供有益的借鉴。

在西方，艺术设计编年史可以从美国建筑家 F. L. 赖特（他宣称机器能够成为艺术家手中像手工工具一样的工具）开始撰写，艺术设计史可以从英国乌托邦社会主义者威廉·莫里斯（他认为艺术设计是消除艺术创作和物质实践活动之间对立的途径）开始。还可以认为德国建筑家格罗皮乌斯的艺术设计学校包豪斯就是艺术设计史的发端，因为他们主张通过艺术设计全面地发展个性，通过艺术设计恢复个性的完整，通过个性创作重建世界的完整性，通过个性创作使技术文明化。想确定设计诞生的具体日期，也许是经院派的做法，但这大概是不可能的。可以确定的是，设计学作为职业或设计教育诞生于 20 世纪初期。

2. 设计原则

以设计“本体”为研究范围，最重要的是设计原理，设计中的功能、结构、形式、文本、色彩、空间、场所等基本要素应该与意义、象征、内涵一起作为设计物整体中的因素来进行研究。

一切事物就它们的比例而言都带有自然界特有的规则性。设计原则中造型的标准依据什么？什么样的设计是美的？简单讲，按照美的形式法则来判断，设计原则是合理的整体与局部的比例关系，局部的比例应在整体中适合。如果把设计比作一餐饭，则设计的基本要素是作品的各个配料（主料是服从设计功能的材料本身），设计原则是决定配料如何结合的烹饪方式，只有使元素组合浑然一体的设计原则才能最终使作品获得成功。

统一与多样性是所有原则中最基本的一条原则。统一是在生活中按照某一标准达成一致，具有整体性。在设计中，统一不是某种单一元素的组合，而是把各个不同的元素组合在一起成为一个和谐的整体，并且每个参与者都保持其身份特性。但是统一总是建立在重复和多样性变化之中，一旦统一被确定，设计师就要开始考虑是否能够创造足够多样的变化去改变视觉上的疲劳。多样性代表差异，广泛存在于宇宙的个体中。在设计作品中，只有掌握了形状、结构、肌理、色彩等多样性的特征，作品的个性与特色才能被表现出来。多样从属于统一，多样化使设计师的个性和特长得以毫不拘束地发挥。有几种要素或组合可以实现统一与多样性结合：重复、对比和渐变。

我们生活的各个方面都讲究平衡，饮食要平衡、工作与生活要平衡，平衡在设计中使作品产生对称或不对称的均衡感，就像建筑中对称的故宫与不对称的苏州园林。平衡分为结构平衡和视觉平衡。结构平衡是物体的实际物理平衡，主要包括水平、垂直和放射等。视觉平衡与人们对于物体的知觉和心理反应有关，视觉平衡需要均衡同样的尺寸、重量和力度，有时候，设计师会故意创作出一些并不平衡的作品来吸引人们的注意力。就像用秤砣称量重物带来不对称的均衡感。

节奏是一种有规律的运动，它是一种潜在的力量。我们最先从音乐和舞蹈中接触节奏，音乐节奏是声音随着时间组织编排而产生的。通过声音的间隔和响起，节拍、重音、速度被合并创造一组令人悦耳的音乐。正如音乐家用声音的间断创造了节拍一样，设计师也能用空间和形式创造出节奏。韵律与节奏相互重叠、相互交织，韵律占据其中重要的地位，使韵律中产生了节奏。韵律赋予节奏一定的情调，使节奏具有悠扬缓急、强弱起伏的变化，简单说韵律是一首音乐中反复出现的优美旋律。韵律应该比节奏难度大，更带有感情色彩，其表现形式主要有重复韵律（图 1-2）、渐变韵律（图 1-3）、交错韵律（图 1-4）、起伏韵律（图 1-5）等。

图 1-2　青岛邮轮母港客运中心外立面的重复韵律

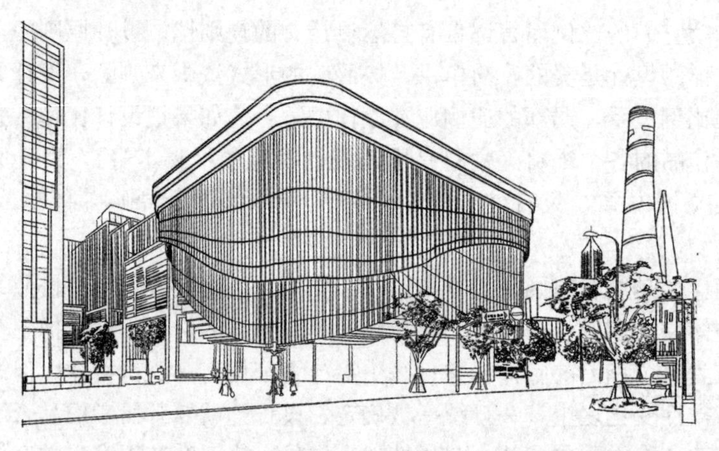

图 1-3　上海复星艺术中心外立面的渐变韵律

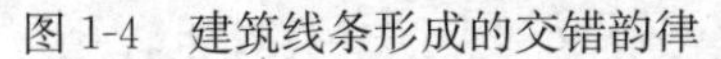
图 1-4　建筑线条形成的交错韵律

图 1-5　悉尼达令港螺旋喷泉的起伏韵律

比例是指事物的局部与整体的关系，正因为有比例，我们的世界才可以辨别。古代埃及和希腊建筑十分注重比例关系，最早道芮斯的柱子高度仅仅是下部直径的 6 倍，有些甚至是 4 倍，它的笨重给人的印象是朴实无华的男人气概；在服装设计中定义模特身材通常会选用头部的长度作为身体其余部分来测量比例，用“某部分＝某个其他部分”的公式清楚地识别比例关系。古希腊人相信数字可以控制宇宙，而艺术与数学的关系相当紧密，他们发现了几种比例可以使整个作品呈现和谐的效果。

（1）黄金分割：欧几里得提出黄金分割的规律，这是对比例与平衡的重要概括，它意味着所有的事物都有适合的度。几个世纪以来，人们始终对希腊画家、雕塑家、建筑师如何将黄金分割运用到艺术创作中的过程十分感兴趣。实际上，他们运用了黄金分割矩形，在这样一个形状中创造雕塑作品以及许多建筑和绘画中的装饰元素。“黄金分割矩形”由 3 条线段构成，其中线条的关系是 $A:B=(A+B):A$，见图 1-6。

（2）螺旋形：宇宙中银河系是一个巨大的螺旋形，生物学家发现人类基因 DNA 的结构是双重螺旋形的。自然界中，蜗牛壳、蔗类植物的末梢、大象的长牙、公羊的角、猫的爪子……在生长的时候，基本形状不变，外周逐渐增大，这种形式被称为对数螺旋，它能使自然形式无限增大又不失去其基本的比例。从螺旋形中也可以领悟到宇宙的意义（图 1-7）。

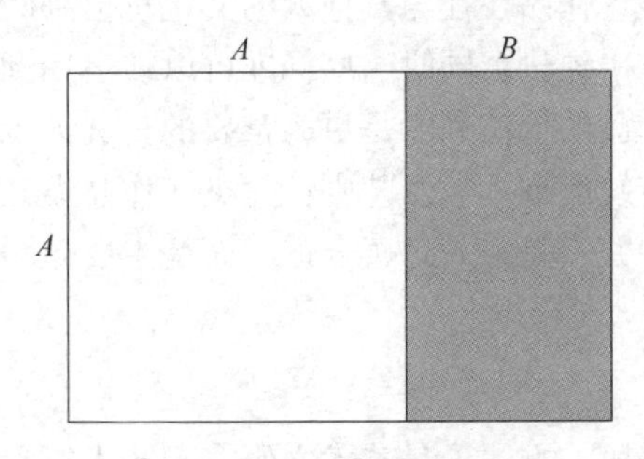

图 1-6　黄金分割矩形

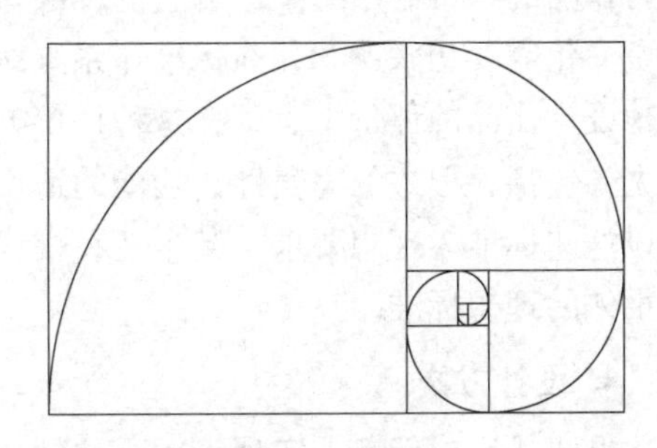
图 1-7　螺旋形

（3）斐波那契级数：中世纪一位名为斐波那契的意大利学者将比例作为自己诸多数学研究的基础，他发现有一系列数字与自然成长的规律有着紧密联系，每个数字都是前两个数字之和：1＋1＝2，1＋2＝3，2＋3＝5，3＋5＝8，5＋8＝13 等。这些数字与松果、菠萝种子、葵花籽的排数或层数恰好奇怪地吻合，与黄金分割矩形之间具有精确对应的数学关系。

3. 设计批评

设计批评与设计史是不可分割的，设计批评源自设计史，设计史家的工作建立于批评判断之上，而设计批评家以设计史教育及经验为工作基础。然而人们习惯在实践中将二者区别开来讨论，这是由于设计史家以设计的历史作为关注点，设计批评家以当代的设计作品作为关注点，两者的研究对象是不同的，我们有充分的理由在实践中将设计史与设计批评分离开来。设计批评是一种多层次的行为，包括历史的、再创造性的和批判性的批评，其任务是以独立的表达媒介描述、阐释和评价具体的设计作品。在这种情形中，设计批评追求的是价值判断，而今天的设计史研究是回避这一点的。设计批评中，我们把发生在1917年美国独立艺术家展览会上的作品《泉》看作现代艺术史上里程碑式的事件，其作者马塞尔·杜尚所引发的“概念设计”为艺术开启了新的思潮（图1-8），而在当时被认为是对艺术及艺术大师的嘲谑。在某个历史的框架中对设计作品进行阐释与分析是设计批评与设计史的主要任务，如设计批评的研究对象是当代20年里的作品，那么设计史的研究对象就是距当代20年以前的设计作品。所以，一个学者按学科规范被称为设计批评家而不能被称为设计史学家，是因为其研究的是当代20年里的设计作品，其评价性文章与设计作品之间的历史距离太短，使得学者的批评文章带有很强烈的流行语调，从而比设计史学家有更多的主观评价。但是，与设计史有所不同，再创造性设计批评结合了设计批评的本质与文学批评的部分特征，从而创造出了一种新型的设计批评方式。它是一种文学表现，评论文章本身便有独立的文学价值和艺术价值。事实上，再创造性设计批评是将一种设计作品转换成了另一种以文字为表达方式的设计作品，这使得设计批评有了文字的技巧和感染力，它的文学色彩完全可以独立于所阐述的设计作品，成为为人们所欣赏的一种设计作品。批判性设计批评指对作品的评价制定出一套合适的标准，这些设计作品往往与其他人的文化价值判断和消费文化需要相联系，并在标准体系下对作品作出评价，同时这些标准可以被运用到对其他设计作品的评价中去，在这种评价方式中作品的价值判断是更为重要的。其评价标准主要包括：形式的完美性、功能的适用性、传统的继承性及艺术性意义。作品设计都是以这些标准为理想要求，基本上在批评运用中并不考虑其是否合适，而是主要作为设计批评的理想标准。

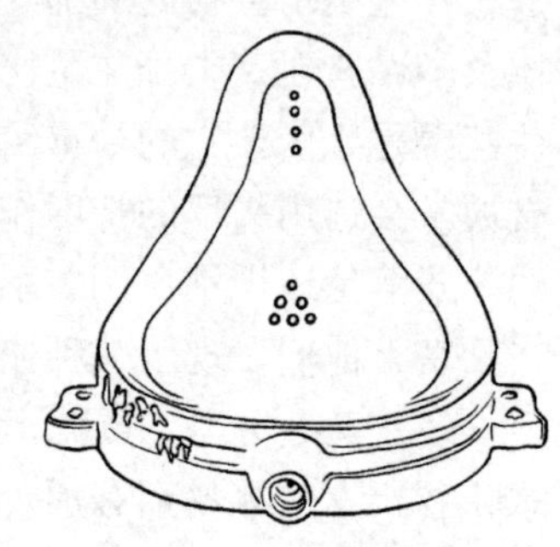

图1-8　马塞尔·杜尚作品——《泉》

4. 设计方法

方法是完成任务、实现目标、达到目的的手段。方法论是艺术学研究和艺术概论课程学习中不可忽视的重要环节。设计艺术的研究方法主要是科学方法，是设计技法性的具体方法，借用行之有效的其他科学方法，如数学、逻辑方法、系统论方法等，研究艺术活动的实践及其规律。

马克思主义哲学方法是设计学研究的总体方法论及主要指导原则，因此，还要运用其他相关的科学方法。设计学是科学，通过概念、范畴、判断等逻辑方法来找到设计艺术活动的客观规律。因此，逻辑的方法是研究设计学极为重要的方法论。在这里，特别要强调三点：一是设计活动本身不运用概念推理，而是依靠比例、尺度，而研究活动的艺术学必须运用逻辑的方法。因此，我们要学会并习惯于把握并运用概念，学会并习惯于掌握从具体到抽象、从实践到理论的逻辑方法。二是运用逻辑方法，首先要把握艺术学的逻辑起点。艺术学的逻辑起点在哪里，有人说是形式，有人说是审美，有人说是意识形态，有人说是心理等，由此，出现了各不相同的逻辑过程，引出了各不相同的判断，形成了各不相同的艺术学理论。根据马克思主义哲学方法论，艺术学的逻辑起点应当是艺术活动。三是结合逻辑方法与历史方法。艺术学运用逻辑的方法也不能不顾事实生搬硬套某种思想框架，也不能只靠单纯的逻辑推理，更不能制造与艺术活动实践相背离的艺术理论，而是要使历史的方法和逻辑的方法结合起来。设计方法论方面，在艺术学本身持有的方法中，特别要强调古今中外化的方法。古与今、中与外的关系，在整个20世纪，在当前，可以说是贯穿始终的问题。是“国粹化”呢，还是“全球化”？是坚持民族特色呢，还是与世界接轨？这实际上揭示出设计的精髓“合力”。例如：画风景，西方画强调惟妙惟肖，与所绘之景色酷似，注重真实；中国画强调意在笔先，气韵生动，重意境不重场景。前者注重再现客体，后者注重表现主体的情致、意趣。在理论上，中西设计学各有所长，亦有所短，因而在对待设计学的态度上既不能唯我独尊，也不能妄自菲薄。设计师们只有取长补短，吸收接纳外国艺术理论的有益成分，同时弘扬自己民族的优秀传统，真正做到古今中外融会贯通，才能形成设计学中的合力。

设计会受到很多外在因素的影响，是一门制约性很强的学科，因此，设计学的研究领域就必须有“外部的”研究，被称为设计的外部研究领域。该领域有以下几个方面的内容。

二、设计外部研究领域

1. 设计社会性

设计是创造性的为人的服务，属于上层建筑范畴，而人的生活及活动构成了社会行为，因此，设计其实是一种具有社会属性的实践。设计品也是具有社会功能的并非个人的物件。大部分在设计研究中进行解决的问题均与社会问题有关。

社会特征是设计中最明显的特征，从过去作为一种个人创造性行为，它很快就转移到社会上，设计可以直接介入人们的生活，比如通过它的成果方式。设计各种属性中最为基本的规定性就是设计的社会性。当代设计的社会属性分为公共性、资源性、结构性、时尚性等。设计师的设计成果（产品、建筑、服务等）在社会活动中获得评价和认同才有了社会意义。设计的根本是为公众和社会服务。虽说设计通常由设计师个人或团队来完成，并且由社会个体来使用，但是从本质上看，它是人们具有生活意义的社会实践活动，在一定社会环境中，由一定社会意识支配所进行，设计不仅始终受到社会发展过程的推动和制约，而且对社会发展具有一定的反作用。

2. 设计教育性

设计与教育密不可分，在设计还未形成理论的书籍对大众进行指导时，在人类历史发展的长河中设计教育对人类的审美已经起到了指导作用。

中国的设计教育可以追溯到东汉王充的《论衡》，之后的朝代对设计教育各有侧重，盛唐王维的《辋川别业》（约 740 年）、宋李诫的《营造法式》（约 1103 年）、明计成的《园冶》（约 1634 年）等。

唐代大诗人王维钟爱山水，他在终南山北麓的辋川经营园林，取其山水之势，建造亭台楼阁使之与自然融为一体，更将山水诗画引入园中形成辋川山水独特的神韵。《辋川志》中写道："辋川形胜之妙，天造地设，前古载籍，无所于考。至唐宋之问侨寓于，辋川之名始闻；继而王维作别业于斯，辋川之名始胜。"

北宋时期如何保证建筑工程质量，如何准确估算工料支出费用，如何加强对各项工程的控制？在北宋之前的朝代没有系统科学的方法，将作监丞李诫组织由官方编撰的《营造法式》完成了这项任务，成为之后封建社会建筑营造的标准，对后世营造设计具有教科书般指导意义。

明末计成对山水画有相当高的造诣，表现在南方私家园林的建造上。江南气候湿润，适合多样性植物生长，花卉繁多，且平江、吴兴等地临近太湖，取石方便。园林中大量使用太湖石堆叠假山装饰园林，如图 1-9 所示是留园中的太湖石"冠云峰"，而他也将对山水画的理解运用在造园意境上形成独特的小山水。

图 1-9　留园中的太湖石"冠云峰"

3. 设计伦理性

设计的伦理性是将伦理观念与设计相联系，从道德关怀的角度，使设计行为准则与社会规范相结合，使设计的结果、产物更符合人性的要求，促进人类社会平等与进步。伦理性可以简单地理解为社会制定的标准和行为规范，在这样大的原则内我们能够衡量什么是好，什么是坏；什么是进步，什么是倒退；什么是美的，什么是丑的。设计伦理性是对于人类物质和精神生活至关重要的价值观念。设计的价值也体现在其是否符合设计伦理性。

4. 设计消费性

传统的消费行为研究购买活动和购买过程，现代消费行为研究重视文化、心理、社会性等多个层面。消费行为与市场营销密不可分，带有明显的商业目的，设计消费性的目的是为获得更多利润，设计后的产品具有"价值"，表达一种价值观念。对消费行为的研究对于产品设计具有重要的指导意义。

5. 设计心理性

设计心理学同时具有自然科学和社会科学的属性，是一种研究人的行为和审美心理现象的科学。设计心理学属于应用心理学的范畴，是心理学延伸到设计艺术领域的一种独特方式。一方面具有心理学科学性、客观性和验证性的基本属性，另一方面又涉及具有艺术性和人文性的设计艺术领域。在心理学领域，前者已经形成比较完善的理论框架和技术框架，而后者所包含的内容十分纷繁，概念体系颇为庞杂，就像美学研究一样涉猎广泛。腾守尧认为："19 世纪后半叶，西方哲学受实证论、科学观和现象学的影响，唯心论开始走下坡路，美学亦逐渐变成一种经验科学和描述科学。"因此，人们对艺术创作和艺术欣赏的研究开始从心理学的角度出发，对艺术起源和功能的研究从社会学的角度出发，对艺术风格的形成和发展的研究从艺术史的角度出发。由此可见，在总体上设计心理学的发展趋势与科学精神是一致的，同时也揭示了设计艺术和心理学最终会走到一起的历史必然性。庄子认为："世之所贵道者，书也。书不过语、语有贵也。语之所贵者，意也，意有所随。意之所随者，不可言传也。""只可意会"就是微妙的道理形成的心理活动。事实上，艺术的形象思维中，表象活动、概念活动和情感活动是一道进行的。独立完成"东方之子"轿车的设计师认为：一定要用人手来做轿车模型，数控机床加工出来的模型缺少一种人的味道。这或许可以解释研究设计心理的意义所在。

第二节　设计学研究的特征

一、实用之物

设计学研究的主题是实用之物而非纯艺术。实用性就是满足消费者使用的功能，即实现功能的程度。实用性在产品设计、包装设计中尤为重要，产品具有实际用途才能满足消费者的需求。消费者在选择时，实用功能是首位。实用性是产品的生命。如彩电的实用性主要表现为图像清晰、色彩柔和、音质优美；洗衣机的实用性主要是指有一定的洗净率、省时省力；食品包装的实用性主要在于卫生保质。这就要求新产品的功能设计一定要以满足消费者需要的实用性为出发点。以汽车为例，汽车设计功能的实用性就是人类的代步工具。研究表明，70％的汽车在 80％的时间里只载一个人，所以到现在为止，汽车是围绕司机而设计的便不足为奇了。不过，整个汽车行业都采取措施来使乘客在旅途中更舒适些。

二、系统的而非经验的

在产品设计、视觉传达、建筑设计、景观设计等领域，人们对功能、造型、色彩、空间等看得到、摸得着的东西充满兴趣，然而绝大部分如自然科学领域的研究都是缜密的、系统的，是从长期生产生活的经验中提炼知识再运用某种形式（数学、物理学、植物学等）分类显示出来的。设计学是否能从经验中得到设计的本质与整体？比如，随着科学技术的日新月异，我们的生活发生了巨大变化，住房、家具、车辆、通信等与过去的传统形式不同，甚至出现了新生事物，然而我们进餐时用的碗筷千百年来没有变化，书法用的笔墨纸张也延续至今毫无改动，单纯从经验的角度无法回答原因，需要系统的方法作出解释，这正是设计学研究的特征。

三、现实问题

设计学能够让工业获得经济效益。20世纪80年代英国政府前瞻性地认识到“设计是英国工业前途的根本”，没有优秀的设计，英国工业将毫无竞争力可言。这种明确的对设计的认知是自上而下的，为英国工业设计指明了方向。以高度的逻辑性理解消费者愿望和销售系统之间的结合，英国设计为英国赢得了市场，设计使政府和企业获利丰厚。“二战”后，日本百废待兴，将设计定为国策与经济发展战略，实现了经济腾飞，成为比肩欧共体的经济大国。在我国，广东作为改革开放的先锋，最先引入国外先进设计理念，企业重视设计并且起步较早，获得了可观的经济效益。

第二章 设计学观念的历史发展

第一节 中国设计的历史发展

一、原始社会

通过对古代记载的上古社会的神话的考证和发现的遗址文物试图了解原始社会，发现原始社会中的创造之美："遂古之初，谁传道之？上下未形，何由考之？"（屈原《天问》）在古老的中国传说中，中华民族的始祖是伏羲和女娲，中国最早有文献记载的创世神是伏羲，开启了中华民族的文化之源。上古神话传说的产生是一种文化，其中使用夸张美化的叙事方式；神话传说往往包含着首领、部落甚至民族对美好生活的向往，同时也是文化知识的延伸。但是神话传说传播的过程又会因为时间、地点、氛围等多种因素而改变叙述的重心；传说凝聚着本民族的性格、精神和真善美，是同族文化的升华、民族情感的纽带，具有长久的生命力。世界各地有不同的民族，在民族起源上有着不同的传说，归根结底是民族的生活方式与日渐积累的文化模式的影响，这些基本规律决定了社会的进步，并且已经形成了具有一定特殊性的文化风俗和生存习惯，其中包括许多生产生活器具的创造，并在漫长的历史演绎中不断进行重新设计达到进化，不断发挥着自身功能，不断推动着人类文明进步的步伐。设计思想的来源是人们在劳动生活中实践的深化，需要正确的理论指导，谁掌握表述正确理论的方法，谁就成为时代的英雄。古今同理。"帝之时，以玉为兵"（《越绝书・卷十一》），玉是石头中坚硬的矿物质，兵指代武器。武器和工具农具都是生存意义中最直接的重器。而原始先民的器具概念往往是武器和工具农具合为一体的实用价值，其中有对工具应用价值的选择，也有智慧和武力的展示。我们对遥远且模糊的远古时代原始先民的生活环境的认识有所局限，而对现存大量的器具设计的研究认识，可以帮助我们理解原始先民的生活方式及器具设计意图。

对于原始先民而言，打制一件石器或者一条木棒，其设计思想和技术的根本是实用，好用是主要目的，好用即实用。在使用过程中逐渐总结出器具的优劣，并加以改造。如果在捕猎过程中使用一件笨重的工具，没有捕获野兽反而弄伤了自己是不划算的，因此，不合理的工具将被优化，而这就是设计。《史记・五帝本纪》中有"舜耕历山，历山之人皆让畔；渔雷泽，雷泽上人皆让居；陶河滨，河滨器皆不苦窳"的记载，说明舜的感召意义，以及因其对于陶器制作的精益求精、杜绝粗制滥造而获得周围人们的称赞。舜制作的器具是什么样子，我们不得而知，但是原始社会的器具充分展示了其文化内涵。对上古神话传说，重点并不在于考证其真实可信性，它是一种民族智慧和情感的证明。这也是为什么中华民族在人类历史演变中的很长一段时期，能够持续不断地领先于其他区域、其他民族的主要原因。

《礼记·礼运》记载："昔者先王未有宫室，冬则居营窟，夏则居橧巢。未有火化，食草木之实，鸟兽之肉，饮其血，茹其毛。未有麻丝，衣其羽皮。"《周易·系辞传下》记载："上古穴居而野处，后世圣人易以宫室，上栋下宇，以待风雨。"原始先民事迹在中国古典文献中不断地被大量叙述，这是早期人类所共有的一种景象。原始社会的人类，从穴居在山洞中到走出山洞，走向河谷或者平原、草泽，形成新的生活方式，是一种自然进化的过程。在人类文明的发展过程中，我们的祖先发明出工具，并且在历史的岁月中不间断地积淀与传承，萌发出设计文化思维，印证着中华民族的智慧和勤劳。生活在黄河和长江流域的先民们不断设计创造出更优质的器具，使得生产生活水平提高和丰富。随后的半穴居、原始社会属于考古学上的旧石器时代和新石器时代。我们距今约50万年前的祖先"北京人"生活在北京房山的周口店地区，他们最初用天然的石块做工具或武器，后来逐渐学会打制石器，我们称之为"旧石器时代"。这一时期的石器可以被称为人类造型能力发展的标志物。选择石质和打制石器需要有充分的耐心和智慧。因为旧石器时代的先民在打制石器的过程中，逐渐萌发审美观念，培养起造型技能。随着历史的发展，石器种类增多，有石斧、石钺、石锛、石铲、石凿等，而且加工不断完善，进入了掌握磨光、钻孔等技巧的"新石器时代"。新石器时期在工艺领域的突出成就是发明了陶器，此外还出现了编织、纺织、玉雕、牙雕等工艺门类。

能够较好地区分石质和玉质材料，首先从人类器具的发明和起源来看，后者的打制与磨制技术水平明显提高，其次是对于材料的认识和选择，后者也更具有一定的特殊意义。玉质材料的质地色泽与纹路使得玉器的使用更加符合远古先民的审美，同时也成为原始宗教信仰更好的物质载体。用玉材制器最初是作为石器的一种补充，后来逐渐成为人类生活的一种具有象征品质的实用器物，最终成为人类最珍贵的物品。玉是一种品质较为特殊的石材，玉石的硬度、色泽、表面纹理以及加工后所呈现出来的独有美感都使其迥异于一般的石头。玉石可分为以钙角闪石为主要成分的软玉和以碱性单斜辉石为主要成分的硬玉两类。硬玉主要以翡翠为典型代表。玉在色彩上有白、黑、黄、红、乳白和两种以上色彩混杂的花等多类，在光泽上通常以半透明和不透明的玻璃状居多。需要说明的是，中国古代玉文化中的玉石概念比较宽泛，人们往往将那些具有坚硬质地和膜亮色泽的石材全部划归为玉。对于玉石品质的认识和加工尝试早在旧石器时代便已开始，只不过当时的原始人所关注的主要是玉石的耐磨性，而没有更多地顾及其材质美感。旧石器时代后期与新石器时代早期，伴随着石器加工工艺的日益精湛，更主要是由于其内在精神的需要与设计能力的进步，原始先民不仅清晰地认识到玉石与一般石料的明显区别，而且开始朝着纯装饰的方向有意识地对其进行设计雕琢，玉和玉器的文化内含逐渐形成且与中国传统文化的特质相一致。新石器时代中后期，中国的玉器加工制作已经发展成为独立的手工艺门类。

原始陶器是区别新、旧石器时代的主要标志之一，标志着新石器时代的开端，在中国史前工艺文化史中占有极为重要的位置。人类第一次按照自己的意志，利用天然物创造出来的一种崭新形态就是陶器，它的发明提高了原始先民的物质生活，促使他们从游牧渔猎生活向着固定的农业定居生活的转变，传统的采集狩猎日益退居次要地位，农牧业则上升为社会经济的主要部门。由于农牧业能够为社会提供稳定的食物来源，原始先民有了较为固定的居所，耕作等劳动方式的兴盛和家族人口规模的日益增长，对于增强人类体质，促进社会、经济发展都起到了巨大的推动作用。

我国有“舜陶于水滨”的古老传说，所谓“陶可滨，作什器于寿丘”，记录的就是陶器最初由舜设计制造。已发现的最早陶器是1962年在江西万年县仙人洞出土的距今8000多年的陶器。原始先民在生产生活中发现某些地方的黏土通过火的灼烧后会变得坚硬，进而用藤编与竹木容器外表包裹黏土制成篮筐模型，在火上灼烧生成器皿。他们发现了黏土经火烧后物质属性发生的巨大改变，即从原来的松软易裂变得坚硬密实，由易溶于水变得不易渗漏，这样的偶然发现很可能是原始陶器产生的直接原因。陶器的发明能满足日常生活中炊事与饮食需求，出现了陶制的瓮、簋、鬲等，能够保存多余的粮食及水。原始先民来还发现陶器可以耐高温及明火，遂用陶质炊具进行烹饪，到了新石器时代后期还有了蒸饭的陶制炊具——甑（图2-1）。

图2-1 陶制炊具——甑

陶器的应用使得制陶成为一项专门的技术。制陶的原材料是黏土，黏土属于硅酸盐矿物风化后的产物，具有较好的可塑性。在高温烧造时，为防爆裂可掺入适量细砂。原始人制作陶器，如盆、罐、瓶等小型的器皿是用手捏制的，如大瓮等较大的器物则是先搓成泥条，然后盘筑成器形，或者是捏制成几部分，然后相接并把表里加以抹平修整。陶器表面装饰方法有多种：压磨法，就是用相对平滑的卵石或者木板把陶坯压磨光滑，并在表面涂以白、红、灰等颜色薄薄的装饰土增加其美观性；压印，用带有纹路的模具在陶坯上压出纹路，如绳纹、井字纹，使陶器更具观赏性；此外，还有堆贴和刻画等多种方法。新石器时代晚期，由于陶窑、陶轮和封窑技术的发明应用，陶器的设计达到了很高的水平，可以制作各种各样的器皿。在新石器时代晚期，鼎逐渐演变改进成鬲，鬲内部三个中空的足肥大，容量相对增加，在加热时与火的接触面积也就相对扩大，能更加快速地将水烧沸并把食物煮熟。陶甑的出现，促进了人类从煮食向蒸食的过渡。陶器的出现促进了生活安定、家畜豢养、五谷种植，从社会进化角度来看，陶器比石器的重要性更加凸显。

建筑起源于人类对生存空间的拓展，是人类在自然界寻求的物质保障，逐渐地也成为精神张扬的体现。原始先民的物质意识是逐渐完成的，对物质的积累，会导致个人生存意义的明确；部落的人群有目的地选择栖息地，范围包括自然阳光、气候变化、地形方位、水源树木、周边部落关系等方面，建筑成为部落凝聚的力量。

在新石器时代，人类的居住场所逐步从天然洞穴过渡到半地穴式的泥木房屋。这种房屋在黄河中下游流域仰韶文化遗址中大量存在，其布局稠密，是当时人类集中居住形成的村落居所。北方仰韶遗址中早期以圆形单间的房屋为主，后期演变成以方形多间为主。房屋多数用泥制作墙壁，有的将草混在里面，有的用木头制作骨架。墙的外部多在裹草后点燃进行烧制，以增强其坚固度和耐水性。早期房屋一般选址在河流两岸、长期经河流侵蚀而形成的阶地上，或者是选在两河汇流处，地势较高而平坦、土地较为肥沃的地方，这里有利于农业、畜牧的发展，同时取水和交通也很方便。

这一时期，中国南方地区的建筑类型以河姆渡居民居住的干栏式为主。所谓干栏式，是指首先在地面上栽桩架板，再在上面铺架房屋的建筑营造方法（图2-2）。干栏式建筑的产生主要源自长江流域气候潮湿及多洪易涝的气候特点，原始先民为了避免地表潮湿以及毒虫猛兽的侵袭而设计出这样的建筑类型，下面还可以养殖家禽家畜，其主要建筑技术包括木桩、木板、横梁等。干栏式建筑特别适合于南方的气候，即使在今天，在不少南方地区的村落，甚至东南亚地区还有着广泛的应用。

图 2-2　河姆渡干栏式建筑

二、奴隶社会

夏朝是中华民族确立国家性质之后最早的朝代。但夏朝也是一个不断迁徙流动的时代，因此它也是仍然需要论证的朝代。而历史考古的资料在不断地复原夏王朝的轮廓。

夏朝起源于禹，大禹是介于神话和真实之间的人物。对自然环境中恶劣因素的改造，是夏王朝时的首要问题。于是“大禹治水”便成为中国先民改造自然的本质力量的传说，对后来中国人的精神意志予以深刻激励，这是一种文化传承的永恒感染。禹传位于启，不仅仅是禅让制度的终结，更是社会秩序的进步，既是对生产力水平的适应，也是地理环境中的人类生存制度的保证。夏朝的故事还有些模糊，但国家制度已现雏形，如牧正、车正、庖正等官职的设置。园艺、蚕桑的发展在《夏小正》中有“囿有见韭”“妾子始蚕”“摄桑委扬”的明确记载。城池的出现，在战国时期的《竹书纪年》中就有记载。夏桀所建造的琼宫瑶台，亦是有一定规模的宫殿建筑。

商民族的崛起，使中国第一次完成了政权交接的过程。大约在公元前 1711 年，商在河南封丘一带的战争中击溃了夏，建立了商朝。商朝对铜的充分认识是中国艺术设计史上的盛事。青铜文化的发达，使商代文明在许多方面展示了其优越的时代特征。商代是青铜文化高度发展的时代。礼器的主要作用是用来维持社会生活的正常秩序，也被统治阶级用来强化其统治地位。因此统治者不断加强对礼器的重视，礼器成为具有象征意义的宝物，例如鼎基本象征了权力，问鼎也就代表了窥伺权力的意思。商、西周时期，国家观念已经形成并不断延续，由于例行祭祀活动一般被视为与王朝的稳定兴盛有着不可分割的密切联系，礼器也就成为一种在国家重大典礼上祭祀时的常规器具。而青铜器具常常作为祭祀时的礼器系列化地成套出现，礼仪隆重，礼器考究。鼎最早在西周时期就成为等级化的代表，《春秋公羊传》中就有描述："天子九鼎，诸侯七，卿大夫五，士三也。"《孟子·梁惠王下》中也有关于鼎的记述："前以士，后以大夫；前以三鼎，而后以五鼎。"这些记载表明礼仪过程中的形式与个人社会地位有着密切的关系。

1976年，考古学家在河南安阳西北部小屯村殷墟遗址发掘了妇好墓（五号墓），出土了大批丰富而精美的珍贵文物，其中出土铜器468件，品类齐全、造型多样，估计其总质量在1625kg以上。殷墟出土的青铜器充分说明了商代工艺美术的高度发达。杜岭方鼎（郑州张寨南街杜岭土岗出土）为商代早期大型铜方鼎，现藏河南省博物馆，共有一大一小两件：大的高1m，质量为86.4kg；较小的高0.87m，质量为64.25kg。两鼎的形制皆为方形深腹，双耳，四圆柱形空足，各腹面饰以兽面纹和乳丁纹，整体风格气势恢宏。商代后期多铸作大器，最著名的即司母戊大方鼎，高133cm，口长79.2cm，上部两侧近似方形立耳造型、饰虎纹和人面纹；中间为长方形腹身，饰有夔龙带纹的方框，两首相对连结为饕餮纹；下为中空的四个柱足，饰有兽首等。其腹身内铭文"后母戊"三字，过去被解为"司母戊"，该鼎为我国出土的最大的青铜器。商后期著名的四羊方尊，高58.3cm，极为精美，造型纹饰细腻，为商代青铜工艺一绝。由此，在很长一个时期内，鼎、鬲、盘、尊、罍、卣等器具处于食器与礼器不分的时期。如商早期的郑州杜岭方鼎，曾是商王的祭祀重器。在奴隶社会，奴隶主支配着自己的权力，体现奴隶主的统治意志，原本的食器成为权力的炫耀，奴隶工匠们按照奴隶主的需求设计青铜器，这一时期的青铜器造型大都威严、庄重、纹饰繁复，最突出的是饕餮纹，又叫兽面纹，造型上狰狞恐怖，充满威慑感。

西周有最早的音乐教育管理部门"大乐司"，是专门的音乐机构。根据考古发现，周代的乐器约有70种，其中在《诗经》中提到的乐器就多达29种。编钟，是乐器的一种，也是礼仪乐器中的重器（图2-3）。编钟在西周时是八个钟为一套，可以演奏出许多乐律，在春秋战国时期发展达到了高峰。陶埙在周代也非常流行，通常与竹篪共同吹奏演绎，《诗经·小雅·何人斯》就有对伯仲兄弟之间和睦亲情的写照："伯氏吹埙，仲氏吹篪。"

图2-3　编钟

西周的玉器延续着商代晚期的制玉技术，在制作手法中，通过阴刻、浮雕、圆雕、透雕等雕刻艺术的应用，达到了较高的水平。但是其造型和规格更大，主要是礼仪用品增多（图2-4）。《周礼·大宗伯》中有"以玉作六器，以礼天地四方，以苍璧礼天，以黄琮礼地，以青圭礼东方，以赤璋礼南方，以白琥礼西方，以玄璜礼北方"的规范，于是玉璧、玉琮、玉圭、玉璋、玉琥、玉璜成为祭祀的六种"瑞玉"器物（图2-5～图2-10）。

图 2-4　各式西周玉器

图 2-5　玉璧

图 2-6　玉琮

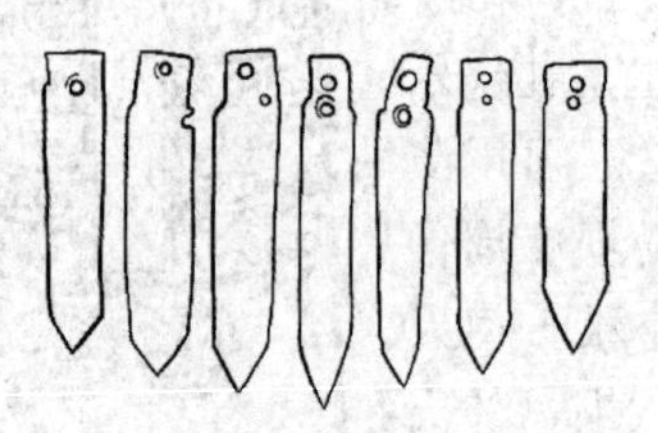

图 2-7　西周佩饰玉圭

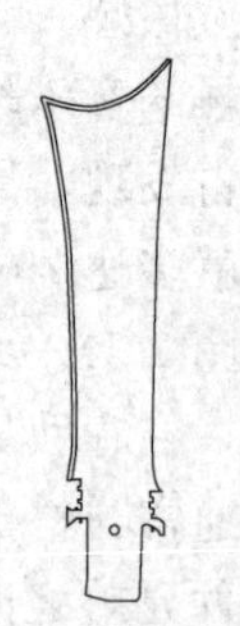

图 2-8　西周兽首阑玉璋

图 2-9　玉琥

图 2-10　西周人龙纹玉璜

夏商周时代的建筑成就在我国建筑史上的地位也是非常值得一提的。这个时期出现了以夯土墙和木构架为主体的建筑。夯土技术最早出现在新石器时代，成熟于商代。在商代后期奴隶主驱使大量奴隶建造大规模的木构架建筑。经过商周以来不断的改进，原来较为简单的木构架，在我国古代建筑的营造上逐步发展成为主要结构形式，同时还出现了前所未有的院落群的组合（图 2-11）。周代统治者以营建都邑（筑城）为立国之本，每个都邑都把城郭沟池作为最基本的构筑。有记载称“周之所封四百余，服国八百余”，距今仍可考的都邑有 130 余个。各都邑的规模均与封爵大小相关，依制而建，所谓“王城方九里，长五百四十雉；公城方七里，长四百二十雉；侯伯城方五里，长三百雉；子男城方三里，长一百八十雉”，这里雉是长度计算单位，也含有城墙面积的计算单位，长三丈、高一丈为一雉，大、中、小三都均为卿大夫的食邑。根据记载推测，周代的首都镐京占地为方九里，在功能上由内城和外郭两部分组成，在每个方向的城墙上均有三个门，在内城城内纵横各有九条街道，在宫城的左侧是祖庙，右侧是社稷，面朝后市，布局十分规整（图 2-12）。由于周王和诸侯大肆进行都邑的营建，该时期的建筑业发展较快，但平民奴隶依然居住在简陋狭小的半地穴式房屋中。

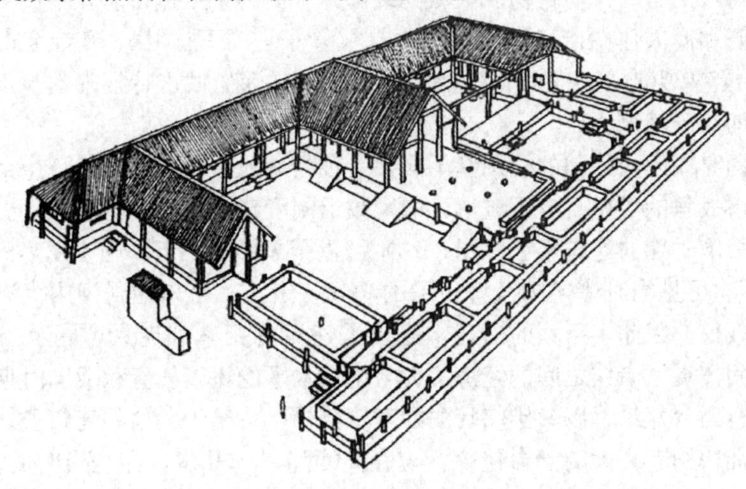

图 2-11　夏商周时代的院落

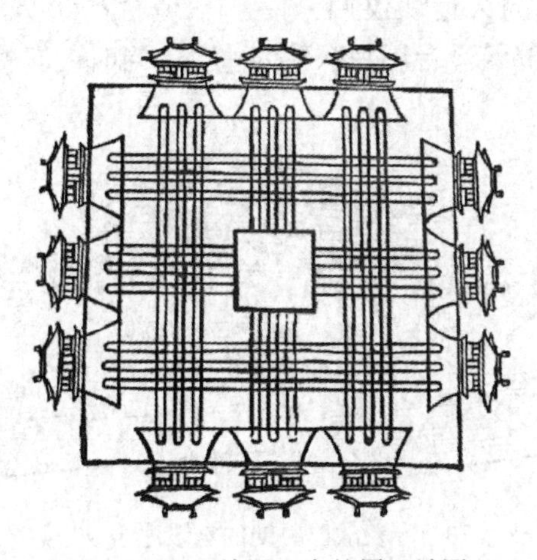

图 2-12　《三礼图》中的周王城图

三、封建社会

战国时期中国进入封建社会，历经 2000 余年，其中优秀的设计传统和思想散发着独特的民族魅力，今天的设计依然从这股血脉中汲取养分。这里对主要设计领域的发展进行简要的介绍。

1. 建筑设计

中国古代城市建造注重建筑与环境的协调，在中国“天人合一”的传统思想文化的影响下，经常统一城市规划与城市设计，努力营造出宜人的城市生态环境。古代城市平面一般呈正方形，王宫居中向外发展，左边（东）是宗庙，右边（西）是社稷；王宫宫殿前面是群臣朝拜的地方，后面是市场。并且逐渐形成了社会的系统结构，从而演变为一个地区政治、经济、文化的中心。春秋战国时期齐国的临淄是人口数万的大城市，根据临淄城遗址研究发现，当时有大小相套的二城，大城为郭城，小城为宫城，宫城北部为宫殿区，而官吏一般居住在靠小城宫殿的附近，宫城南部是手工业作坊，主要是青铜、冶铁、铸钱的官营作坊机构。大城的北部是平民的手工业作坊，平民一般居住在城门左右，工匠和商人住在市场两旁。这也是《管子·乘马》中“聚者有市，无市则民乏”“工，治容貌功能，日至于市”的政治观点。临淄的城市特征基本上反映了当时春秋列国都城的布局规律。

春秋战国时期内城外池的规划基本成熟，称为城池，一方面是经济生活的乐园，另一方面是军事战争的堡垒。有了城池，国家政治制度建立便有了基本条件。宫殿的建筑代表着春秋战国时期的建筑水平（图 2-13）。《孟子·梁惠王下》中说“为巨室，则必使工师求大木”。可见当时诸侯国经济力量的崛起，诸侯王可以在封国内大兴土木，修建宫殿，以示威仪。因此，巨室的出现本是宫殿建筑的豪华和庞大，展示当时的建筑水平，却无意间体现了诸侯之间的经济实力与统治水平的比较。春秋战国时期宫殿的一个特征就是盛行高台建筑，以其雄伟壮丽的建筑格局，突出于其他的建筑群之上。在河北邯郸、山东淄博均有高大的土台遗存，现存高度均在十几米，亦是当时的宫殿的见证。邯郸市内的丛台公园至今保存着春秋时期赵国的高台（图 2-14）。“丛台”本意指许多高台林立，由于历史年代的久远现仅剩一座。“债台高筑”的成语来自东周末年的周赧（nǎn）王负债累累，修筑高台用来躲债的尴尬，当时人们就有“债台高筑”之语。

图 2-13　春秋战国时期的宫殿建筑复原想象图

图 2-14 邯郸丛台公园内春秋时期赵国的高台

秦汉 400 余年是我国建筑成长并逐渐走向成熟的时期，这时模式化、统一化的建筑逐渐形成，“秦砖汉瓦”说明建筑主要是砖瓦木架结构。秦统一六国，建筑空间以“高”“大”为主要特征，并将政治统一的豪迈意识寄寓在辽阔的地理疆域的概念。秦始皇立朝的十余年间，大规模浩荡出巡就有五次，五湖四海，南国北地，“亲巡天下，周览远方”，驰骋于辽阔疆土犹如进入自家宫室。《史记·秦始皇本纪》将秦王朝的疆域描述为“地东至海暨朝鲜，西至临洮、羌中，南至北向户，北据河为塞，并阴山至辽东。徙天下豪富于咸阳十二万户”。“关中计宫三百，关外四百余。于是立石东海上朐界中，以为秦东门。”这是《史记·秦始皇本纪》中记录的秦始皇将宫殿修通天下的事实，并且“有表南山之巅以为阙”的标志建构，这样，东海仅仅为秦王朝的大门，而南山（秦岭）竟为门阙，天下便为宫室。以“大”为美的建筑格局体现的正是“大一统”的文化现象。秦王朝的建筑便是建构在统一的政治意识中，因而，许多建筑豪华别致，极尽人间盛景。如著名的秦阿房宫、咸阳宫。千古名篇《阿房宫赋》说：“覆压三百余里，隔离天日。骊山北构而西折，直走咸阳。二川溶溶，流入宫墙。五步一楼，十步一阁。廊腰缦回，檐牙高啄。各抱地势，钩心斗角。盘盘焉，囷囷焉，蜂房水涡，矗不知其几千万落。长桥卧波，未云何龙！复道行空，不霁何虹？高低冥迷，不知东西。歌台暖响，春光融融，舞殿冷袖，风雨凄凄。一日之内，一宫之间，而气候不同齐。”如果说唐朝杜牧笔下阿房宫是出自想象，那么太史公在《史记·项羽本纪》中记载“烧秦宫室，火三月不灭”真实描述了秦宫室之壮观。

未央宫是汉长安城中的重要建筑。今存遗址地基是一座南北长 200 余米、东西长 100 余米、高 10 余米的夯土高台，当年萧丞相营作未央宫，立东阙、北阙、前殿、武库、太仓（图 2-15）。高祖还，见宫阙壮甚，怒，谓萧何曰：“天下匈匈苦战数岁，成败未可知，是何治宫室过度也？”萧何曰：“天下方未定，故可因遂就宫室。且夫天子以四海为家，非壮丽无以重威，且无令后世有以加也。”萧何的一番话语，说得“高祖乃说”（《史记·高祖本纪》）。萧何之语也有迎奉之意，而刘邦略作推让，便心安理得。“亦使后人而复哀后人也”的套路，可见未央宫的瑰丽比肩阿房宫。建筑中有“秦砖汉瓦”的说法，说明秦汉时期的陶制砖瓦不光技术精湛且种类复杂。丰富成熟的陶制砖瓦技术为建造土木建筑的屋顶及墙面提供了材料，砖瓦统一轻便的特征也为中原土木建筑样式的成型发展提供了必要条件。

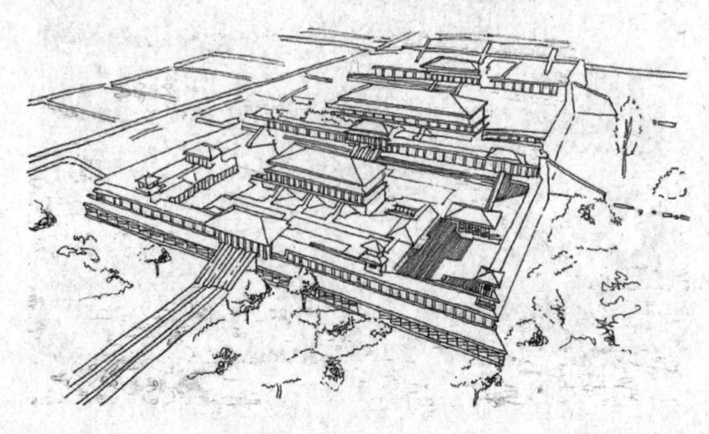

图 2-15　未央宫遗址复原图

魏晋南北朝时期砖瓦烧造质量与技术提高，多用于地面建筑。由于佛教的兴盛，寺院建筑大量涌现，使用各类条形砖的建筑成为主流。同时，青砖和窨（xūn）水技术也得到推广。北魏时期中原一带各州郡有寺院三万余所，并且寺院大多建有楼阁式佛塔，河南登封嵩岳寺塔采用密檐楼阁式造型，高 15 层，塔顶加印度式塔刹，形成“上层金盘，下为重楼”的佛塔样式，是我国现存最早的高层砖石建筑（图 2-16）。江南一带的建筑在原有基础上进一步发展，楼阁式建筑相当普遍，檐脊上已开始使用琉璃瓦，出檐深远给人以庄重、华美之感，为隋唐装饰风格奠定了基础。

图 2-16　河南登封嵩岳寺塔

我国古代建筑设计在隋唐时期达到成熟。在隋代就已经逐渐采用图纸和模型相结合的建筑设计方法。隋代建设规划设计专家宇文恺（555—612 年），规划设计并领导修建了长安城、东都洛阳、广通渠等大型土木工程项目，堪称世界第一。由于连年战乱，当时的长安城既破又小，城里宫殿、官署、居民混杂一起，不便统治者防御，因此公元 582 年隋文帝下令营造新都，重新建设长安。宇文恺经过实地考察，拟定详细规划，绘制了平面设计图样，开始修建。修造后的长安城区划明确。沿南北轴线将宫城、皇城置于全城的主要位置，宫城在全城的最北正中，中部为皇帝起居、听政的大兴宫，称为“大内”；东侧为太子居所，称为东宫；西侧为后宫人员居住的掖庭宫；皇城是封建社会政府机关六省、九寺、十八卫所在地，又称为子城，位于宫城南面，行列分布着百官衙署，无居民居住，东有宗庙，西有社稷；外郭城分布在宫城以南和皇城东西两侧，围绕着皇城和宫城，十字交错的街道将外郭城分隔成方块状，称为坊（隋称“里”），大坊一般开四门，内设城市居民和官吏居住的十字街；东西两面各有一市，是京城的商业区，西侧的为利人市，东侧的为都令市，每个市占地约 10000m^2，店铺林立、商业繁荣。宇文恺创造了这种划分整齐明确、布局完整对称的，严格区分宫城、官署和居民区的方式，对后世都城建设有深远的影响。例如唐都长安就是在隋的大兴城基础上扩建，整齐规划，分区明确，是当时世界上最宏大、最繁荣的都市（图 2-17）。

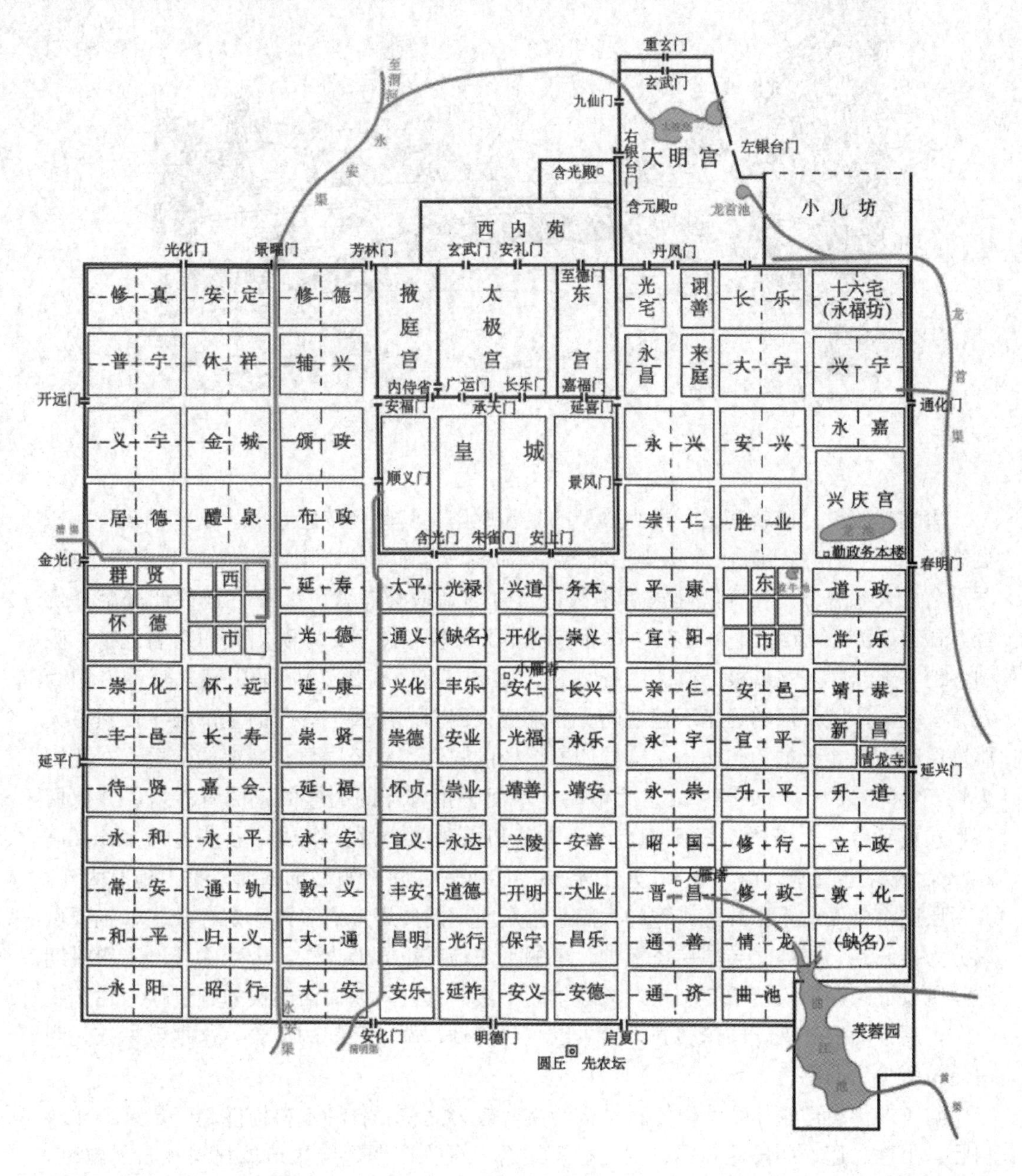

图 2-17　唐长安城平面图

在桥梁建筑上，公元 595—605 年隋朝工匠李春设计并修建的赵州桥（又名安济桥）堪称科学性与艺术性的完美结合。赵州桥是现存最早的双曲石拱桥（图 2-18）。桥全长约 50m，宽约 9m，拱跨度达 37m。为便于车辆行走，赵州桥的坡度极缓，桥底无桥墩，采用拱的形式，是世界上首创的“敞肩拱”桥型，大桥拱两端各有两个小拱，既可用于泄洪，又减轻了桥身自重。这座桥迄今历时1400多年，仍基本完好。所以从建筑设计角度上说，赵州桥在选择桥址、建筑材料、力学性能等方面都达到了当时建桥的最高水平。

图2-18 赵州桥

唐朝建筑设计成就突出，最为典型的是大雁塔，其原名慈恩寺塔，始建于隋代。唐贞观二十一年（647年），太子李治将慈恩寺塔扩建为寺院，用以追念其母文德皇后，并更名为大慈恩寺。在寺院建成后不久，当时的高僧玄奘就由弘福寺迁往此处翻译佛经，19年间共译佛经74部，在这间寺院创立了佛教慈恩宗，寺院因此而声名远扬，吸引各地香客云集，曾盛极一时。大雁塔建于永徽三年（652年），是唐高宗李治专门为安置玄奘由印度带回的经籍而建造的。唐末战火四起，烧毁了寺院的全部殿宇，只有大雁塔保存下来。此塔为砖仿木结构的四方形楼阁式塔，几经层数和高度的变更，在武则天长安年间（701—704年）改建为7层、平面呈正方形的高楼阁式的青砖塔，并保留其形式直到今天。该塔通高64.1m，由塔基和塔身两个部分组成，塔基边长48m，高4.2m，塔身边长25.5m，高59.9m，各层用砖砌扁柱和阑额装饰壁面，柱上施有大斗，在每层四个壁面的正中开辟砖券的大门。隋唐时期的砖塔形式多样，留存较多，主要可以分为楼阁式、密檐式与单层塔三种，塔的平面均以正方形为主，个别除外。隋唐时期的建筑设计强调统一艺术与结构，去除华而不实的构件，以简洁明快的颜色作为建筑主色调，屋顶曲线舒展，门窗整齐，给人以气势磅礴、严整开朗的印象。这是后来宋元明清建筑所少见的特色。

隋唐的佛教建筑体系均以木料结构为主，较为完整。各种木料构件趋于定型，斗拱粗壮、出檐深远，严谨地与梁、栿、柱等结合。更为广泛地应用琉璃材料和石材雕刻，用砖砌墙的方式建造较大规模的建筑，屋顶多铺青瓦，曲面较为平缓。留存至今的仅两座木结构殿堂建筑，即南禅寺大殿和佛光寺大殿，均位于山西五台山境内，至今保存十分完好。这两座殿堂以内外柱列和梁枋互相连接，组成一个稳固的整体。整个唐代建筑以端庄浑厚的造型，表达稳健雄丽的风格，在我国建筑设计的发展史上具有不可替代的珍贵价值。

我国古代建筑技术和建筑艺术发展到五代两宋，已经达到成熟的阶段。两宋的建筑设计受精神领域的影响，逐渐失去唐代建筑雄浑的气势，虽有唐代遗韵，但风格趋于秀丽多样化，善于将新的设计手法应用到建筑布局和造型上。例如，北宋京城汴梁将封闭式里坊制改为临街设店、按行成街的方式，取消夜禁，使商业和手工业得到发展。另外，宋代的木构架建筑加强了进深方向的空间层次显得华丽富于变化，如现存的山西太原晋祠圣母殿采用重檐歇山顶、大殿“副阶周匝”的做法。北方辽代的建筑则更多地保留了唐代建筑雄健的风格。位于山西的应县木塔是现存辽代著名的木构架建筑，如果不是亲眼看到你不会感受到它的雄伟壮观，后来的金代建筑又契合了辽宋两朝的风格。天津蓟县独乐寺观音阁、山西大同华严寺大殿、普化寺大殿可作为其代表。

元代建筑兼容并蓄，在建筑特色上可谓继承宋金遗风，但是其建筑作品不像前朝时期具有既恢弘又秀丽的气质，又不像明清那样营造法式严谨，其风格独特，也是我国建筑史的重要篇章。元大都规模巨大、规划完整，是国家政治、经济中心，明清两代也继承了其风格。元代统治者对宗教政策采取了十分宽容的政策，加之交往活跃的民族，进而形成了多重性的宗教信仰，同时也出现了多样化的宗教建筑风格，著名的北京妙应寺白塔（图 2-19）、山西永济县永乐宫是元代道教建筑的典型。

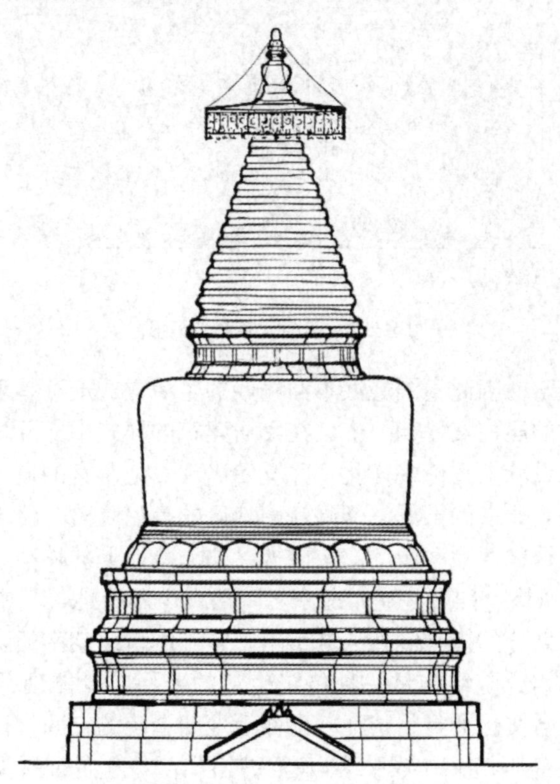

图 2-19　北京妙应寺白塔

明清建筑是秦汉建筑、唐宋建筑之后，我国古代建筑的最后一个高峰。高度发达的建筑规划设计、建筑彩画和造园艺术，为后世留下了极其宝贵的财富。明朝在元大都的基础上重新扩建北京都城，在永乐年间用了 15 年的时间，建成了北京城市的基本规模，建成了以南北中轴线对称的宏伟都城。北京的中轴线大体分为三段：北段为地安门至钟鼓楼，中段为皇城内部，南段为永定门至天安门；南起永定门，至正阳门，为北京外城；从正阳门穿越承天门（清天安门）进紫禁城，通过景山，到达地安门，为宫城；而地安门以北至钟鼓楼结束于北城墙。这条独有的城市中轴线，是世界城市建设历史上杰出的范例之一（图 2-20）。

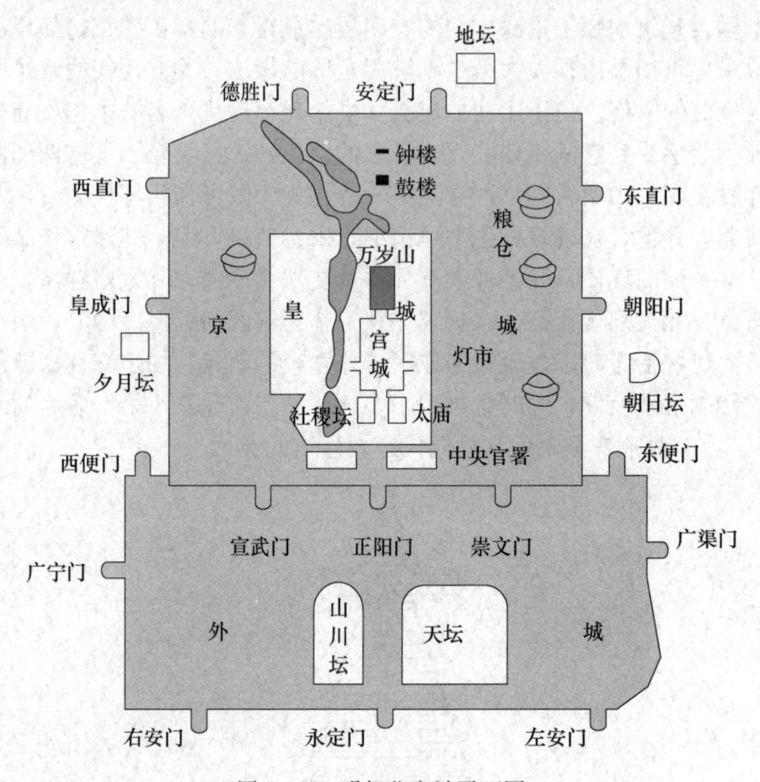

图 2-20　明朝北京城平面图

明清时期社会稳定，因此不同地域不同民族的生活方式逐渐趋于稳定，形成了具有明显地域性、民族性的居住文化和习俗，在民居建筑的样式中充分显示了中华民族的创造性及智慧，在建筑设计上逐渐多样化，并开始出现因地制宜的设计，如以北京为代表的北方四合院、黄土高原上的窑洞、烟雨江南地区的高墙院落、位于西南的干栏式竹木阁楼、闽南的客家土楼、西藏区域的夯土碉楼、北方草原上的移动蒙古包、云南大山中的“一颗印”等建筑风格。四合院遍布北京、陕西、山西等地，其中以北京的四合院特征最明显，在被街道划分的横平竖直的城市中，整齐的坐北朝南的院落结构逐渐形成规范样式。明清时期的四合院结构是一种传统生活的习俗，既体现了地理环境的影响因素，同时也体现了社会文化的封闭特征。山西等地四合院的空间特征是南北狭长而东西窄，这与其地理特征密切相关，晋中多以地主庄园结构为主的一些大院，除了居住之外，还设计有仓库、边墙、碉楼等储存安全设施，形成了以防御性为主要特点的居住建筑。

天井式院落是以天井为封闭中心，四周楼房环绕，偶尔呈三面凹形的格式，使雨水顺着屋顶坡度流落入天井中，被称为“四水归堂”，落入天井中的雨水通过地沟流出宅外（图 2-21）。这种院落有高挺的封火山墙，俗称“马头墙”（图 2-22）。白墙黑瓦、屋宇相连的民居方式，存在于徽派建筑的绿水青山之中。

图 2-21　天井式院落

图 2-22　马头墙

园林式院落是江浙一带私宅园林的民居，建筑风格讲究意境，一般为非中轴对称式样。私家园林是带有花园的院落，有时是独立的，有时依附于园林。亭台、轩榭、楼阁以一定韵律分布其中，掩映于奇花异草、假山奇石、粉墙灰瓦之间，以流水、小桥、游廊为点缀，曲径通幽，随地势而变化的居室，俯仰隐于山水的楼阁，聚万物之精气，集天地之大观，境由心生，物随景迁。园林式民居体现出清、淡、雅、素的艺术特色，充满了江南水乡古朴沉静的韵味。

2. 园林设计

园林设计是中国传统文化的瑰宝，我们能考证的中国古典园林的建设，是从西周开始的。《诗经·大雅·灵台》中有“经始灵台，经之营之。庶民攻之，不日成之”“王在灵囿，麀（yōu）鹿攸伏”“王在灵沼，於牣鱼跃”，描述人民建园苑，文王游玩，鹿奔鹤翔、鱼儿欢腾。《孟子·梁惠王上》中，文王以民力为台为沼为囿，而民欢乐之，谓其台为灵台，谓其沼为灵沼，谓其囿为灵囿，即指此事。古代园林建设折射出中国人的自然观与人生观，抒发了中华民族对自然和美好生活环境的向往，人工开凿的灵台与灵沼成为古典园林的一种发端。在随后的漫长历史中凝聚着中国能工巧匠的勤劳智慧的古典园林，将自然山水转化为人文园林，同时将儒道释等古典哲学、宗教思想甚至是诗画等传统艺术完全融于山水园林之中舒展个人的文化心性。

秦始皇在咸阳渭水河畔的南园地建造上林苑，其规模宏大，并在苑中建有许多离宫别馆如阿房宫等，又在咸阳“作长池，引渭水，筑土为蓬莱山”。在汉武帝时，对秦上林苑进行了修复，再次扩大了其规模，并在各处均用大尺度手法进行建造，除了建有离宫 70 所，还建有可以用于狩猎、游玩、观赏的各种设施，堪称秦汉时期园林设计的杰出范例。建章宫建于长安西郊，宫内有蓬莱、方丈、瀛洲三岛的太液池，这种做法被称为一池三岛，对后世的园林设计有深远的影响。西汉时期，出现少数贵族、官僚和富商仿效皇室营建园林，是最早的私家园林，其以追求对自然山水的形似为设计思想，规模也较大。

魏晋士族大官僚们钟情于园林建造，并拥有修建华美宅园的实力，其私家园林华美考究、结构复杂。西晋石崇的《金谷诗序》中“余有别庐在河南，界金谷涧中。或高或下，有清泉茂林，众果竹柏、草药之属，莫不毕备。又有水碓（duì）、鱼池、土窑，其为娱目欢心之物备矣”的描述，对于理解魏晋士族园林的真实状态，有着标本的意义。这基本上是从“众果”“草药”“水碓”的经济需要“物备”，达到“娱目欢心”的作用。东晋时期朝廷政治争斗残酷复杂、士大夫们受到排挤，将情感倾注于山水园林之间，试图寻求心灵的宁静。右将军王羲之在《兰亭集序》中展示了“此地有崇山峻岭，茂林修竹，又有清流激湍，映带左右，引以为流觞曲水，列坐其次，虽无丝竹管弦之盛，一觞一咏，亦足以畅叙幽情”的心境，更多的是对人生的感叹与感悟，对生死的洒脱与超脱，对自然的赞美与热爱。南朝的文人更是积极地进入园林之中，遨游林泉，流连山水，以玄学为旗帜，追求空灵的诗意。如谢灵运“四山周回，双流逶迤。面南岭，建经台，倚北阜，筑讲堂。傍危峰，立禅室，临浚流，列僧房。对百年之高木，纳万代之芬芳。抱终古之泉源，美育液之清长。”魏晋南北朝是中国园林设计的转折时期，也是山水园林的奠基时期。

唐宋时期，因做官的文人比较多，园林成为进行社会交往的主要场所，同时也将园林设计推向了更高层次的审美。这一时期的园林设计深受诗歌和绘画的影响，一些自建园林或园林设计的工作均有文人的直接参与，文人在园林的布置造景中渗透了他们对人生的体验、哲理的感悟，中国园林的主要设计思想也逐渐成为“诗情画意”，全面发展和普及了造园设计活动。唐代两都和宋代两京除了皇家园林，其他的造园活动也非常活跃，豪臣名士各筑私园也盛行一时。宋代地方城市和一般士庶也有所普及。著名皇家园林有隋时洛阳西苑、唐时长安芙蓉苑、北宋东京艮岳、南宋临安御苑等；著名私家园林有唐代王维的辋川别业、白居易的庐山草堂、李德裕的洛阳平泉庄等。其中，王维营造的颇具禅意的人文意境“辋川别业”，是写意山水园的代表作，有着天真、灵性的美学特征。

中国园林发展史上，宋代园林是转折时期，也是成熟时期，这时期园林设计方向为“游、观、憩、居”，使得园林突破了秦汉以来的“园囿狩猎”概念，也改变了唐朝园林迎合自然的模式。宋代园林崇尚自然美、重视意境、追求曲折多变。苏轼著《喜雨亭记》中写到“为亭于堂之北，而凿池其南，引流种木，以为休息之所”“造物不自以为功，归之太空”，将构园、建亭与社会人生理想结合起来。南宋的园林趋于精致巧妙，人们游园意识扩大了园林的意义，许多私人园林定期向公众开放，如在绍兴沈园就发生了陆游和唐婉的爱情故事。诗词书画与园林融汇达到了从未有过的境界，元明清园林脉络便在此基础上得以发展。

明清时期的园林设计日臻成熟，在北京耗时久远的皇家园林从顺治朝开始历经康、雍、乾等朝代规划修建，在皇帝的主持下按照“三山五园”的构想，挖湖堆山，起屋架梁，聚天下园林之精华而成为蔚为壮观的景致，尤其是圆明园（图 2-23），将巴洛克建筑规划其中，开创了中国园林引入西方建筑的先河。山即是园、园即是山，即万寿山清漪园（后改名颐和园）、玉泉山静明园、香山静宜园以及畅春园和圆明园（包括圆明、长春、绮春三园）。还保存下来许多皇家园林成为皇家园林艺术的样本，如北京北海、故宫乾隆花园，河北承德避暑山庄等。明代的皇家园林不如清代的发达，这与朱元璋汲取元代统治者因奢侈靡丽的生活导致失败的教训有关。清代“康乾盛世”掀起皇家园林设计建造的高潮，真正成为皇家园林的风格。此时私家园林遍布各地，从造园风格上看，已形成了以皇家园林为代表的北方派、以苏杭园林为代表的江南派、以广东园林为代表的岭南派三大园林派系。

图 2-23　圆明园

明清私家园林主要集中在江南的苏州、南京、扬州和杭州一带，尤以苏州为盛。江南园林不仅实现了住宅的功能，同时融合了许多娱乐功能，造园者的人文理想和生活意识被寄予其中，主人的哲学、文学、艺术及人生的观念也被表达。强调主观的意兴与心绪表达，重视叠山、理水、修亭、置木等创作技巧，园林布局自由、结构不拘定式，亭榭廊槛，宛转其间，将中国文人的含蓄融入园林设计，造园艺术手法多样，每每采用欲显而隐或欲露而藏把某些精彩的景观进行掩藏，有时藏于曲径通幽之处，有时隐于山石、树梢之间，在有限的空间里避免开门见山、一览无余。江南私家园林原本是明清官宦巨商退养之地，斥巨资修筑，却不能张扬。如网师园之“网师”即渔父（图 2-24），拙政园之“拙政”即无心于政事（图 2-25）。诗书琴棋茶，风月云雨花。个人对社会生活有一种安居乐业的期待和独善其身的清醒认识。有着“万物静观皆自得，四时佳兴与人同”（程颢《秋日》）的精神愉悦。岭南园林有比较鲜明的特色，求实兼蓄，精巧秀丽，代表有余荫山房、清晖园等。

图 2-24　网师园

图 2-25　拙政园

明末清初的计成著有《园冶》一书，总结了前人的论述及实践经验，书中对造园“虽由人作，宛自天成”的立意，“巧于因借，精在体宜”的构想，汇江河山川，聚古木奇石，演化人间仙境，终于一园，“极目所至，俗则屏之，嘉则收之”的确是一种文化极致的所在。《园冶》全面总结了中国古典园林的造园思想并进行发展，同时加以诸多文化观念（文学、哲学、艺术）进行完善，代表了明代造园设计的最高水平。

3. 陶瓷设计

中国人最早发明了陶瓷器，三国两晋南北朝时期的瓷器出现了两个流派：北方白瓷和南方青瓷。青瓷最早出现在东汉末年，以浙江的“越窑”为其最高水平的代表，其胎质坚硬釉色晶莹，表面施以青色釉。青瓷常常以尊、碗、盘等为主要器型。北方以河北地区的“邢窑”为最佳，素有“南青北白”之说。北方白瓷胎质洁白釉面光润，造型浑厚饱满，装饰大方，也有“北雄南秀”之称，这个时期青瓷的烧造水平远高于白瓷。

南北朝时期，佛教在各地盛行，瓷器上面有佛家莲花装饰，如青瓷仰覆莲花尊（图 2-26）以及罐、盘、碗之类都是用莲花作为纹饰。另外还有动物造型，使青瓷的造型出现了活泼可爱的特性。邯郸出土的北齐时期的青瓷龙柄鸡首壶（图 2-27），造型精美，釉质油润如水，表明北齐青瓷烧造取得了较高的艺术成就。

图 2-26　青瓷莲花尊

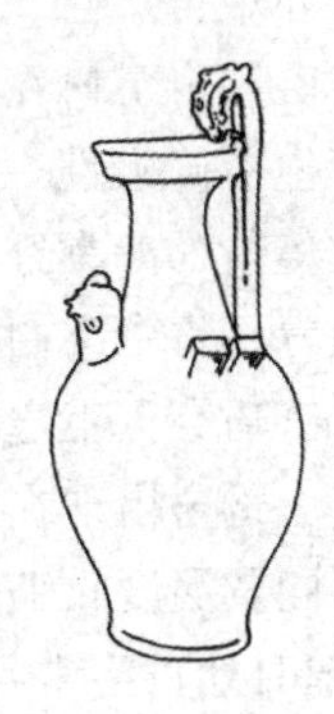

图 2-27　青瓷龙柄鸡首壶

唐代最为著名的是青瓷和白瓷，以白瓷为北方瓷器的主要代表，同时其烧瓷技术进入了关键时期。唐代邢窑的白瓷胎质改变了北朝白瓷泛青黄的釉斑现象，其釉色洁白无瑕，细腻光滑。唐代白瓷有“似雪类银”的说法，特别是白釉和白瓷的同时出现。唐代陆羽《茶经》中有这样一段描述：“邢瓷类银，越瓷类玉，邢瓷类雪，越瓷类冰，邢瓷白而茶色丹，越瓷青而茶色绿。”这时期中国瓷器进入了一个崭新的阶段。唐三彩是一种多色低温釉陶器，主要为黄、绿、白三色，称为唐三彩，还包括褐、蓝、黑等颜色。唐三彩在初唐时期就已经出现，经过快速发展，盛唐时期达到繁华的高峰。中国的青花瓷在唐时开始萌芽，唐代制瓷技术中首次完整地出现了青花瓷的烧制，河南巩县的唐窑在白瓷的基础上，以钴蓝颜料为基础，利用釉下彩的技术在白胎上进行纹饰的绘制，之后上以釉色在 1200℃烧制。唐代青花瓷的质地疏松，而且白色釉的纯度有泛黄现象。现有 12 片唐代青花瓷的碎片，原为碗、盘等生活用品，青花色料与唐三彩蓝料同属硫铜铁钴矿，青料带结晶斑，发色浓艳，为低锰低铁的含铜钴料，推断应是融入了中原文化特征的中西亚进口的钴料。

五代时期的吴越国曾利用越窑的精湛技术，生产了大量的“秘色瓷”，成为天下闻名的珍品。吴越国以此作为财富，与其他邻国进行商业贸易和政治外交，换得边境安宁。在北宋初期，吴越国还将此秘色瓷进贡宋王朝，得以在大宋强大的军事压力之下，获得了一些政治上的缓释。五代秘色瓷的特点在于以金边包裹器皿的边棱，有“金棱秘色瓷”一类的产品，在瓷器的制作中极尽豪华之能事。

宋代传统制瓷工艺十分繁荣，宋瓷古朴深沉、素雅简洁，釉色含蓄凝润，宋人在制瓷工艺上达到了新的美学境界，出现了流派纷呈的兴盛景象。各窑场在工艺、釉色颜料、形式和装饰方面有自己的特点，一些瓷窑彼此取长补短，相互促进，使制瓷工艺的风格在统一的时代背景下工艺造型，形成了具有地域性的著名瓷窑。这一时期的汝窑、官窑、钧窑、哥窑、定窑就是其中的突出代表。

（1）汝窑。在中国陶瓷史上有“汝窑为魁”之称，因窑址位于河南的汝州而得名，是北宋时期的皇家主要代表瓷器。汝窑瓷器最为人们称道的是其釉色。观其釉色，犹如“雨过天晴云破处”“千峰碧波翠色来”之美妙，主调为淡天青，其表达的色感清逸、高雅，传世作品极少，不足百件，非常珍贵。明代的曹昭在《格古要论》中这样描述汝窑的基本特征：“汝窑器，出北地，宋时烧者。淡青色，有蟹爪纹者真，无纹者尤好，土脉滋媚，薄甚亦难得。”

（2）钧窑。钧窑窑口在古代均州，今河南禹州一带钧窑的“窑变”使得钧窑瓷器的釉色和图案产生不确定性，素有“入窑一色，出窑千彩”的说法。传统钧瓷色彩明艳，瑰丽多姿，玫瑰紫、海棠红、茄皮紫、鸡血红、葡萄紫、朱砂红、葱翠青……釉中红里透紫、紫里藏青、青中寓白、白里泛青，纷彩争艳。其釉质乳光晶莹，肥厚玉润，类翠似玉赛玛瑙，有巧夺天工之美。

（3）哥窑。哥窑出现在浙江龙泉，为青瓷中的龙泉窑系。在烧制时，由于胎质和釉料膨胀系数不同及温度收缩差异，使其釉面裂纹交错、颜色暗黑，称为“开片”或“百圾碎”。在南宋时期哥窑常常有官窑的产品，呈现“紫口铁足”的样式，就是说铁褐色的胎质在器皿的足部和口沿露出。

（4）定窑。定窑较早地出现在宋瓷窑系中，主要产地在河北曲阳，影响较大。在晚唐时期由于受邢窑影响，定窑釉色乳白略黄，属白瓷系统，呈现了某些象牙质的特点。定窑器皿胎薄质细，一些生活用器皿如碗盘的芒口不施釉，用金、银、铜等金属镶嵌包边，器皿表面采取了不同的装饰手法，如刻花、划花、印花等，使定窑产品强烈地表达着北方制瓷效果。

（5）官窑。官窑并非某一专属窑口，而是南宋时一些专门为进贡皇家烧造陶瓷的窑口。南宋官窑瓷器沿袭北宋风格，规整对称，宫廷气势，高雅大气，一丝不苟。百姓日常生活使用的陶瓷制品出自民窑。江西吉州窑黑釉瓷，在装饰手法上创造了木叶贴花和剪纸贴花，形成了一种独特风格：真切自然，形简趣浓。磁州窑在河北邯郸磁县，因其多烧制民间生活用瓷而在北方的许多地方形成了庞大的磁州窑系。器型为盆、罐、碗、盘、瓷枕、烛台等生活用瓷，磁州窑有白釉、黑釉、酱釉、绿釉等形式，制瓷技术尤其以白釉黑花著称。民窑还有很多，如：福建的建窑以黑瓷著名，器型以碗盏见长，宋人多喜欢用建窑生产的黑瓷盏斗茶，以兔毫盏饮茶；陕西的耀州窑在宋以后烧制瓷器以青瓷为主，纹饰刻得非常清晰，刀刀见泥，其造型极具西北特色。

在宋代制瓷业中有一个显著的例子，就是江西景德镇的兴盛。从唐代高祖武德年间发现景德镇有优质瓷土，便兴建窑场，经过晚唐五代，在宋元时期景德镇已发展成为著名的窑场。

青花瓷又称白地青花瓷，简称青花，元代青花瓷烧制趋于成熟，工匠们在绘制材料上进行大胆创新，在陶瓷坯体上用含氧化钴的钴矿为原料描绘纹饰，再上一层透明釉，由于钴料经过高温烧制后呈蓝色，着色力强、发色鲜艳而形成了青花瓷。匠人们将绘画技巧与制瓷工艺结合，成功地发明了具有浓厚中国风格的元青花，使釉下彩瓷器发展到一个新的阶段。人物故事纹多取材于历史人物故事或神话传说，是元青花装饰中最为后人称道的装饰题材，主要有“萧何月下追韩信”“文姬归汉”“鬼谷子下山”“八仙过海”等，故事内容在民间广为流传，显然与宋元时期流行的话本小说及发达的元代戏剧有着不可分割的联系，同时显示出文学艺术对陶瓷装饰工艺的深远影响，如图 2-28 所示是元代青花人物故事图梅瓶。景德镇瓷匠继青花以后创造了其姐妹品种釉里红，由于其烧成后形成的花纹为红色，在造型设计上有如凝脂般的华丽效果。

图 2-28　元代青花人物故事图梅瓶

明清时期景德镇继续保持着“瓷都”的中心位置，明朝景德镇白瓷因胎薄釉润、纯净透亮的细腻质感有着“甜白”俗称。明代瓷器造型丰满、浑厚，到清代康熙时期瓷器还保持着明时期的风格。景德镇青花在青料中添加了来自波斯的“苏泥勃青”料，使瓷器呈现了淡蓝、深蓝、紫蓝等不同的图案效果，许多工匠可以利用不同效果的青釉来绘制出人物山水、花卉鱼虫，其艺术表现力颇像未着色的水墨画，符合中国文人的喜好，因此景德镇的许多官窑鼓励画工在瓷器上绘画创新进贡皇家，因而也推动了青花瓷的发展。

粉彩是清代康熙年间发展的瓷器新品种。粉彩是在烧好的胎釉上绘画，放置入窑低温烘烤，瓷器在出窑后颜色犹如清丽秀美的水彩画。粉彩表现山水、花鸟、瓜果、婴戏、仕女、耕织等，题材广泛，同时具有极大的观赏价值。总体来说，清瓷在制作技术上远远超越了前代，而在设计意境上，康熙时期瓷器挺拔、遒劲、气质壮美，雍正时期风格偏向隽永秀巧，雍正之后欠缺较高的美学境界，而且不乏既不实用又不美观的设计败作。由于各种社会及历史原因，中国古代制瓷业自乾隆以后开始由高峰走向下坡。

4. 工具设计

（1）耕作工具。河南辉县出土的战国铁犁是我国现存最早的铁犁，其配以牛力作业，成为我国农业史上的划时代革命。耒耜是在犁发明之前的主要耕作工具。西汉时铁犁已广泛使用。汉武帝时又发明了耦犁耧车，成为当时最重要的农具。耦犁犁地，汉武帝时开始推广二牛三人的耦犁；耧车播种，由牲畜牵引，后面有人扶着，在播种中利用摆车技术一次完成开沟、下种、覆土等几道工序，全面提高了播种的质量和效率。曲辕犁是唐代劳动人民的发明，因为辕短而曲得名，区别于汉代以来的直长辕。首先在苏州等地推广应用，也称江东犁（图 2-29）。江东犁为一牛耕犁的简便方式，改变了汉式的二牛抬杠的方式。传统犁农具发展的一个重大突破是曲辕犁，它将犁辕、犁箭、犁梢、犁底的模式改变，变小犁架，操作更加简便，确保深浅自如，使中国进行农业精耕细作的生产有了工具保证，进入了犁具的成熟时期，为后来犁具的发展奠定了基础。

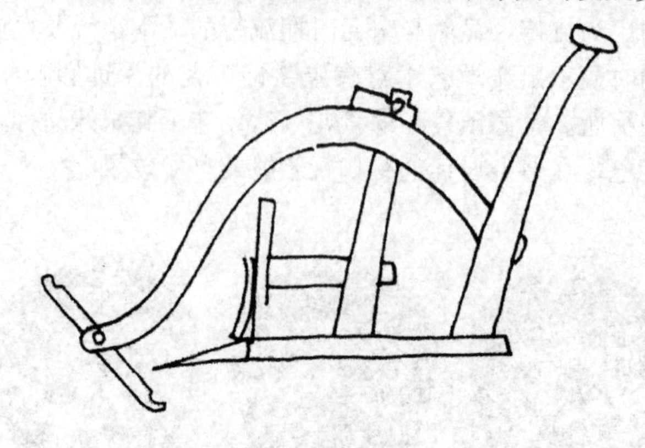

图 2-29　江东犁结构示意图

（2）灌溉工具。春秋时期以前在一些比较发达的农业区，使用较远时的掘地为井，用陶罐把水打上来用以浇灌庄稼的方式进行井灌，当时人称为“凿井抱瓮而灌”。之后晋国、郑国这些农业发达的诸侯国发明了利用杠杆原理进行汲水灌溉的简单机械“桔槔”。三国时期的马钧设计发明了龙骨水车，又叫翻车，可连续提水，大大提高了灌溉效率。元初设计出利用水利的水转翻车（图 2-30），明末又有了风转翻车。我国古代的翻车在世界同时期灌溉工具中处于领先水平。

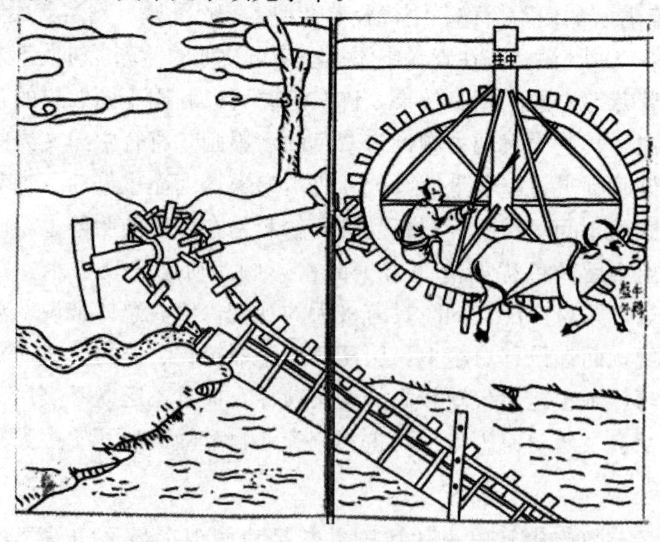

图 2-30　水转翻车

5. 交通工具设计

从古至今，交通工具的制造能力始终是机械工业发展的最重要的代表。中国古时的机械制造能力居于世界前列，是机械工业发展较早的国家之一。从甲骨文中的“车”字的造型和相关记载即可见一斑。黄帝与蚩尤涿鹿之战中，司南战车即为黄帝的座驾。考古发现最早的车为商代的曲衡车，距今有3000年的历史。先秦时期的车，以木制马车为主。从功能类型来分，主要有：战争用的战车，为马车；贵族出行用的乘车，一般有马车和牛车；民间作为田间运输工具的田车，多用于载运货物，车体较大，因此也叫大车。

秦汉时期，在皇帝、贵族出行，以及各种重大的仪式场合、日常交通等方面，车的使用占据重要地位。秦始皇出巡，浩浩荡荡，车辆马匹成百上千，其宏伟壮观的场面不言而喻。车辆乘坐有严格的等级，天子驾六，诸侯驾五，卿驾四，大夫三，士二，庶人一；车辆的类型也较多，有一马或一牛驾的轺（yáo）车，有适合“窄小裁容一鹿也”的人力推车——鹿车，还有帝王贵族乘坐的辒辌（liáng）车和辎车等，辒辌车体形略长，人们可以在里面仰卧休息，辎车装饰精美的帷幔可载衣物也可躺卧（图2-31）。到了汉代，由于骑兵的兴起和战争需要车马机动灵活，战车便基本消失。这时的车大多只是用于出行和狩猎、交通运输等，车的用途开始多样化、世俗化，导致了各种车型的出现。皇帝乘坐的马车体形较大，叫“辂（lù）车”，是最高规格的辇车，车顶装饰华盖，设计十分豪华。高级官吏使用的是“轺车”，这种车只有车盖，四周敞露。指南车，又称司南车，是指示方向的一种装置，传说黄帝和周公都试制过，它与磁石无关，是利用齿轮转动原理研制的。明、清代的交通工具仍然以车、船为主，明代为了运送大型石料设计出八轮车，在此基础上，清代发明了独轮车，利用风力挂帆，省力且速度快，其设计创意十分独特。

图2-31 辎车

船的发明方便了水上交通，商代时设计木板船的技术已经趋于成熟。在商代末期，车船的制造已有很大发展。早在春秋时期诸侯争霸时期，船已经在吴越之间用来投入战争。我国古代造船业有三大发展时期，其中之一就是秦汉时期，这可能与当时的经济发展和大规模军事行动有关。汉代的船舶制造技术的另一大成就在于对先前的船舶进行了重大革新，即变橹为桨，使得船舶由过去的间接做功而变为连续做功，从而大大提高了行船速度。《资治通鉴》中描写了三国赤壁之战“乃取蒙冲斗舰，载燥荻、枯柴，灌油其中，裹以帷幕，上建旌旗，预备走舸，系于其尾，先以书遗操，诈云欲降。时东南风急，盖以十舰最著前，中江举帆，余船以次俱进”。以战斗船只为主，由此可见船在战争中的重要性。

唐宋时期是我国古代造船业的第二个发展时期。唐、宋、元代的宫船、龙船、战船、海船以及各种民用运输船可谓种类丰富，各具特点。唐代设计出世界上最早的尖底龙骨船，使航行速度大大提高。宋人又设计发明了水密隔舱，海上航行时遇到船只漏水情况，船只不用靠岸，隔舱起到能局部修理破壁处的作用。元代的远航船达到四桅，载重有 300 吨。元代的内河运输，将南方粮食调运北方，比陆路经济、便捷，对北方粮食供应起到了积极的保障作用。

明代是我国古代造船业发展的巅峰阶段。明朝造船工场遍布沿海及内地，其规模之大、配套之全是历史上空前的，许多地方均可造船，以江苏、福建、广东等地最为发达。造船业的突出成就是郑和航海所乘的宝船。宝船“体势巍然，巨无与敌，篷帆锚舵，非二三百人莫能举动”。当时航海和造船技术是先进的，包括水密隔舱、罗盘、计程法、测深铅锤、利用牵星板的过洋牵星术等，应有尽有。清代以后造船水平不如前朝。

6. 杂物工具设计

（1）皮影。皮影戏最早在西汉出现，在唐代开始盛行，在清代达到顶峰，且于元代传至西亚和欧洲，历史悠久。《汉书》记载，汉武帝时因怀念李夫人，有术士以影人劝慰，随后发展成为一种影戏。随着唐代寺院俗讲的传播影响，到了宋代已经进入社会娱乐活动中。宋代洪迈在《夷坚三志》里吟咏：“三尺生绡作戏台，全凭十指逞诙谐，有时明月灯窗下，一笑还从掌握来。”

（2）围棋。中国古时称“弈”。围棋出现在南北朝时期，隋代已经有 19 道围棋盘。在宋代围棋定为 19 道、361 枚棋子，并以执白子先行。从帝王将相到文人雅士，多对围棋有着不同程度的爱好。苏轼说：“胜固欣然，败亦可喜。”

（3）铜镜。唐代的铜镜造型有圆镜、葵花镜、菱花镜、方亚形镜，形式十分多样，图案丰富，除传统的瑞兽、缠枝装饰等中式纹样，还出现葡萄纹等西域纹样。唐太宗有“以铜为鉴，可正衣冠；以古为鉴，可知兴替；以人为鉴，可明得失”（《新唐书·卷九十七》）的感叹，将铜镜与古今得失联系在一起。因而，铜镜的使用不仅仅是一种实物，还寄托着精神的导向。传说唐玄宗将自己八月初五的生日定为“千秋节”，以铜镜为礼品，广赠百官，流风遍及，民间百姓也以镜相赠。铜镜亦是出嫁女子的必备物品，因而铜镜的广泛使用，成为唐代的一种社会风尚。宋代铜镜不追求华丽奢侈而注重实用，装饰简洁，器体轻薄，以圆形为主，也有方形、弧形、带柄等多种形式。

（4）门神。门神是年画的最早样式。门神是辟邪驱鬼、护卫家园的精神象征。汉时有神荼、郁垒二仙人形象，唐代时为钟馗，从门神的形象演变中可以看出许多奇妙的传说色彩，门神的观念也是借助神力满足个人精神的需要，成为中国民间文化生活的一个奇特的花絮。门神的广泛流传得益于唐代以后印刷技术的发展，有着积极的民间文化普及的意义（图 2-32）。

图 2-32　门神

（5）明式家具。16—17 世纪的明式家具在海内外极负盛名，明式家具的主要生产地为以苏州为中心的江南地区。“苏式”家具选材格外优良，制作工艺十分精巧，具有“结构严谨、线条流畅、做工优良、漆泽光亮”四大特点。明代以来，苏州制作的家具一直被公认为明式家具的正宗；清代延续明式家具的风格，但在造型设计上更典雅大方、更胜一筹。明式座椅与西方人钟爱的沙发相比较虽不那么舒服，但从端端正正的坐姿可以透露出中国人骨子里的优雅（图 2-33）。

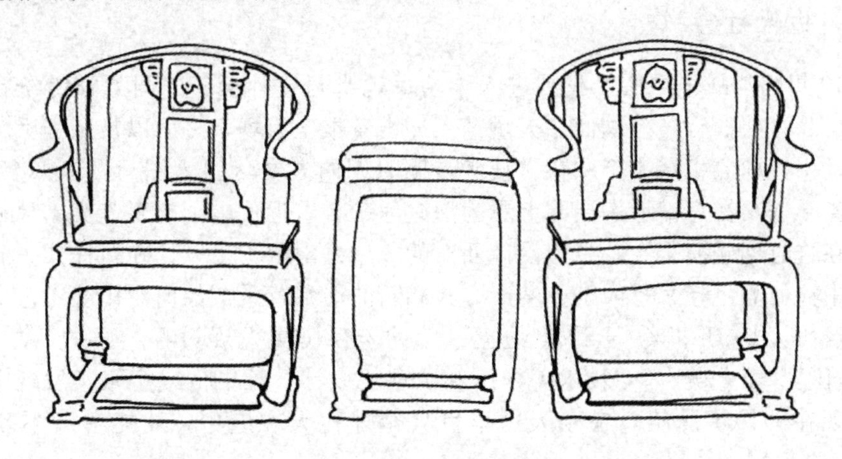

图 2-33　明式家具的代表作之一：南官帽椅

（6）幌子。幌子一般用竿子挑起悬挂在店外，是商家的广告，慢慢成为“旗帜”。如酒肆的幌子叫酒帘，上大写一个“酒”字；“茶”“当”“布”等可做帘悬挂，也可直接写在墙上，一目了然。也有用实物悬挂当作幌子，药店外悬挂大葫芦当作广告，有悬壶济世的寓意，对于顾客有明确的指导性和吸引力，是不言而喻的召唤。幌子是简易的广告形式（图 2-34）。

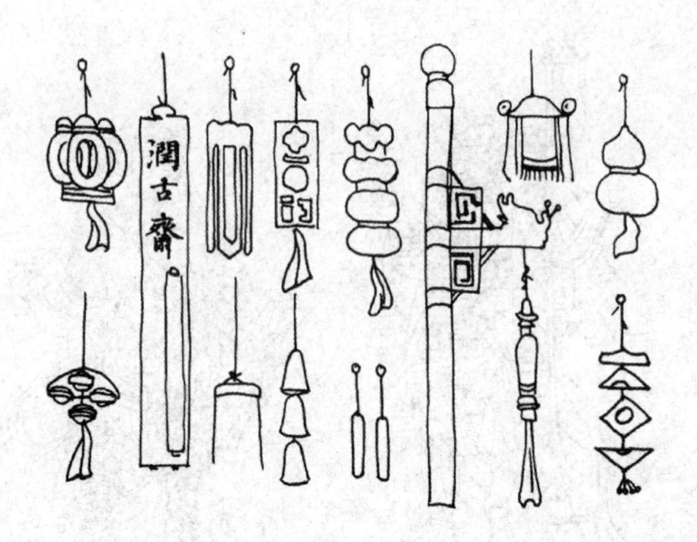

图 2-34 幌子

（7）紫砂壶。在明代，除瓷器外，在江苏宜兴发现一种新的泥料“紫砂泥”用来制作茶壶。烧制好的紫砂壶密实坚硬、色泽温润质朴，它有着清雅的本质和意蕴，与中国文人传统的审美思维最符合，茶具演变为艺术品，在明清时期就受到文人墨客的喜爱。紫砂陶器在造型设计上的式样非常丰富，所谓“方非一式，圆不一样”。传说明正德年间一名以制作紫砂壶出名的人名为供春，人们将他所制的茶壶称为“供春壶”，其质朴古雅的特征在当时就有“供春之壶，胜于金玉”的美誉。紫砂壶有“泡茶色纯，隔夜不馊，用久味醇，泥色生辉”的特点，是实用性与艺术性的完美结合。

四、近代社会

1840 年鸦片战争之后，我国进入半殖民地半封建社会，外国列强纷纷在租借地开办工厂、兴建商行，外国商品大量涌入冲击着本土市场，之后以富国强兵为目标的洋务运动引进西方机器生产和科学技术，同时期西方文化引入国门，诸如宗教思想、文艺和美学等，在意识形态层面上更为深刻地影响着近代中国的工艺美术风格。中西方设计在这时期碰撞交会，中国设计面对的，一是中国本土设计在新样式、新设计的洋货当中如何立足，二是大工业生产方式和新的消费背景下如何对传统工艺美术有效继承。经历了从 19 世纪到 20 世纪上百年的宏伟历史发展过程，通过“洋务运动”“美育救国”“工艺美术”“技术美学”和“现代设计”等事件或主张，发现中国设计过去和现在的发展脉络，在今天这个世界全球化大发展中，才能继续不断地向前探索。

民国时期“新旧交迭，西风东渐”，中国的设计融会了西方的特色，体现在建筑造型、室内装饰、商品造型及包装、广告牌、服装等各个方面。比如建筑师吕彦直于 1925 年设计的南京中山陵（图 2-35），设计方案遵照“祭堂图案须采用中国式而含有特殊与纪念之性质者，或根据中国建筑精神特创新格亦可”的要求，被认为是“完全融会中国古代与西方建筑精神特创新格”。

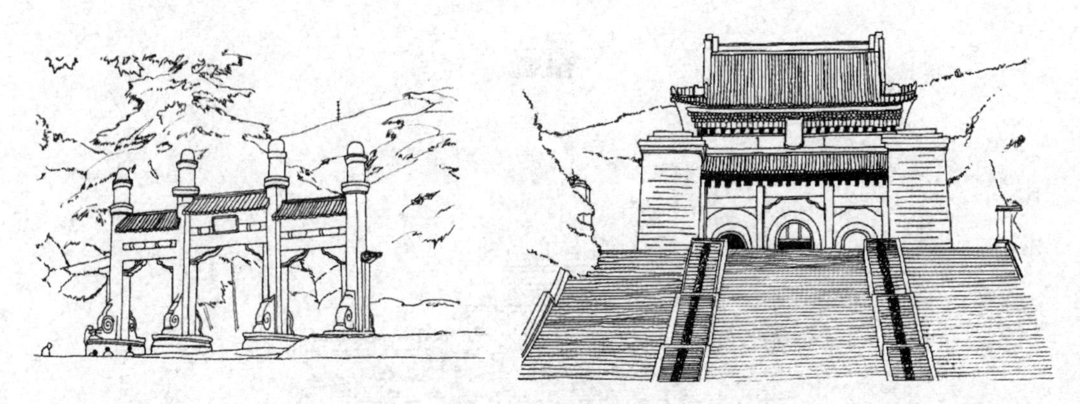

图 2-35　南京中山陵

民国时期的海报和广告可以称作时代最华丽的画卷。尽管这些画卷借鉴了西洋画卷的风格、特色，但又有着民族化、本土化的创新和发展。海报和广告画面非常丰富多彩，表达方式上有手绘色彩、雕刻和彩色、胶版印刷等。广告的内容包括人们所食食物、衣着服饰、居住房屋、乘坐交通工具等各种生活要素，图片上有时尚美女、市井街道、历史传说、中国传统绘画等，无所不有、包罗万象。代表人物杭稚英所绘广告牌，画上身着旗袍、柳眉凤眼的时髦女郎，配以文字说明，十分引人注目（图 2-36）。在招贴题材上有朝代典故或神话故事的图案，尤其对外来商品具有本土艺术设计的表现手法。

图 2-36　杭稚英所绘广告牌

中华人民共和国成立后，在发展过程中经历了政治、经济等一系列挫折。直到改革开放以后，良好的经济形势和思想的拨乱反正为设计发展披荆斩棘，中国设计由此走上健康发展的道路。中华人民共和国成立初期，由清华大学设计系梁思成、林徽因两位先生主持设计了人民英雄纪念碑（图 2-37）。这一时期还兴建了中国革命军事博物馆。纪念性建筑的修建是这一时期建筑的一大看点。1958 年 8 月，为迎接中华人民共和国成立十周年，中共中央决定在北京兴建人民大会堂等十项大型建筑项目，人民大会堂成为中华人民共和国建筑设计和施工集体创造的典范。人民大会堂的设计吸收西方古典建筑模式，同时追求“中而新”，力图吸收中外建筑艺术的精华（图 2-38）。

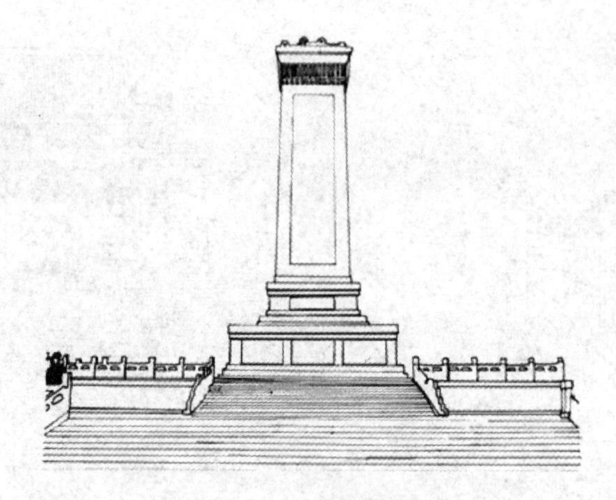

图 2-37　人民英雄纪念碑

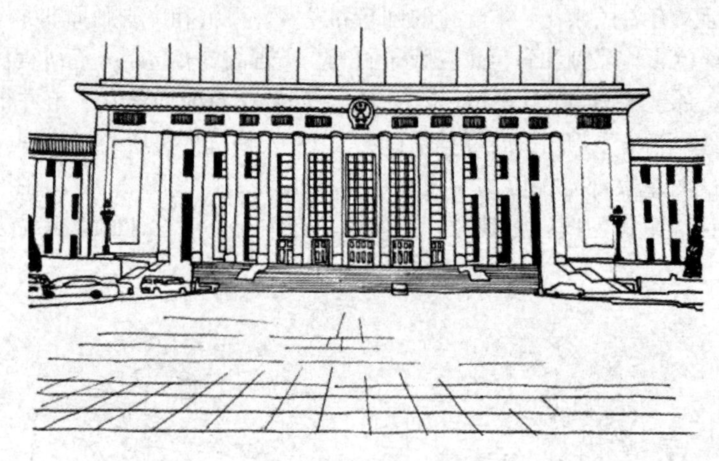

图 2-38　人民大会堂

武汉长江大桥是 1957 年建成的公路、铁路两用桥，结束了长江自古无大桥的历史，“一桥飞架南北，天堑变通途。”武汉长江大桥包括引桥全长 1670.4m，体现了 20 世纪 50 年代中国高跨度钢桥技术的最高水平（图 2-39）。

图 2-39　武汉长江大桥

在工业设计方面，2007年，李宁的半坡专业篮球鞋被德国历史最悠久的工业设计组织——汉诺威工业设计论坛举办的“If Design Award China 2007”评为设计大奖。北京成功举办2008年奥运会之后，人们对美好生活的向往更加强烈。对新趋势的追求、对个性的追求、对完美的追求，都上了一个新台阶，特别是从发展的角度去理解生活、善待生活、体验生活，已成为新世纪艺术设计发展的必由之路。

第二节　西方设计的历史发展

人们倾向于在事物起源时查看其情况，因为它看起来最简单。人们的潜意识认为这种简单的形状可以显示事物的本质，并且这种起源的发展是我们真正想要研究的阶段。

一、原始时代及中世纪设计

1. 两河流域和埃及的设计

两河流域指底格里斯河和幼发拉底河流域，在这里人们种植和收获庄稼，制陶技术和建筑技术迅速发展，出现了早期的城市和国家。距今2000多年前亚述人在两河流域崛起，建立了一个从底格里斯河到尼罗河、从波斯湾到小亚细亚的帝国。亚述帝国气势恢宏的宫殿建筑，展现出两河流域艺术设计的发展面貌。尼罗河畔古埃及的建筑设计庞大、严谨、风格鲜明，影响着后来欧洲的设计。建于古埃及第四王朝的胡夫金字塔规模最大。金字塔为四面锥体，用整齐切割的巨大石块砌成。金字塔四面朝向东南西北四方。金字塔建筑设计成就与古埃及人高超的数学能力有关。在尚未能发现地球是圆形、有南北两极的情况下，吉萨金字塔群已经采用南北轴线的精确定位，地球的子午线正好从金字塔的中心通过。三角形金字塔的底边和斜边形成垂直长边和短边，形成了和谐的矩形“黄金比例”。方尖碑是古代埃及和西亚常见的纪念性建筑物，碑体四方，顶部呈金字塔状，碑身高耸挺拔，可做日晷工具之用。古埃及神庙建筑高大平远气势雄浑，设计构造繁复。神庙由大道、塔楼、方尖碑、庭院、柱廊、柱厅和祭祀殿堂组成。巨大的空间中矗立许多高高的石柱，称为多柱厅，设计风格深深影响以后的欧洲建筑。

古埃及手工艺制品发达，从考古发现的古埃及黄金首饰、陶瓷玻璃等，可以证明当时手工制作技艺的发达（图2-40）。古代欧洲的家具设计基础来源于古埃及，比如，桌椅底部采用仿兽腿的形式进行雕刻的家具，数千年来西方家具的形制没有能够完全脱离古埃及的传统。古埃及人发明了玻璃制作技术。在距今5000多年前的古埃及法老陵墓里发现的玻璃珠是迄今为止发现的最早的人造玻璃。古埃及制作玻璃的技术不断发展，出现了染色玻璃和各种造型的玻璃器皿和玻璃饰物，如玻璃珠、玻璃镶嵌片、玻璃吊坠等。人类在成功掌握制陶技术之后，又发现了玻璃这种新的工艺材料，这是人类技术上的突破及进步。古埃及的玻璃技术经过阿拉伯半岛和两河地区逐渐传播。到古罗马时代，工匠掌握了制作玻璃的吹管和玻璃熔炉的技术，奠定了制造平板玻璃的基础。此时欧洲不少地区出现了设有玻璃窑的工场。

图 2-40　法老墓中出土的图坦卡蒙圣甲虫雕刻胸饰

2. 古希腊与古罗马时代的设计

位于地中海与爱琴海环绕的古希腊被称为西方文明的摇篮。古希腊文明对欧洲文明产生了无可比拟的巨大影响，在设计中的体现是古希腊的建筑与雕塑。

一般来说，古希腊庙宇建筑的面貌是令人心满意足的，或者说，令人感觉恰到好处的。古希腊的庙宇看不出有什么与众不同的东西，庙宇向宽或长两方面伸展，眼睛不用刻意抬起来却被建筑正面的宽自然而然地吸引住。庙宇周围采用单行柱廊和双行柱廊，柱廊用来划定界限，柱廊里气氛庄重而我们多少会注意外面宽敞的环境，这样，人们在柱廊内外走来走去，随意游息不必那么严肃认真，这种既单纯又完整的形式在西方建筑中的影响延续数百年。

石柱是庙宇的重要建筑构件，古希腊建筑发展出多立克、爱奥尼亚、科林斯不同风格的柱式。源自古希腊本土的多立克柱式出现最早，使用最为广泛。多立克柱式柱身粗壮挺拔，由下至上逐渐收细，没有柱础，柱身有凹槽，槽之间为棱角，柱高与柱直径的比例是 4∶1 或 6∶1。多立克柱被视为男性的象征，柱与柱之间的距离是柱直径的 2 倍，少数为 2.5 倍。其著名的代表为雅典卫城（Athen Acropolis）的帕特农神庙（Parthenon）。爱奥尼柱式从小亚细亚地区传入，柱身细长，匀称轻巧，上下变化不明显，有柱础，柱身凹槽较深，槽之间没有棱角，柱头有涡卷形装饰，爱奥尼柱又称为女性柱。科林斯柱式由爱奥尼柱式演变而来，较爱奥尼柱式的柱头较高，呈装饰性很强的花篮形状。

在古希腊，庙宇、石柱廊、门廊和林荫大道都是用来供人们休憩和散步的，例如著名的雅典城堡前的大道，古希腊人只把豪华和优美的艺术运用到公共建筑上，至于私人住房却是不太受关注的；在古罗马，不仅扩大了公共建筑的范围，例如可供 5 万多人入座的科罗西姆竞技场原为弗拉维圆形剧场，是当年奴隶主、贵族和自由民观赏奴隶斗兽、角斗的场所。竞技场平面呈椭圆形，最长端直径达188m，气势雄浑，造型单纯简洁，建筑外部由希腊式石柱和半柱围墙构成4层，下面3层的拱券孔反复重叠，整体既统一又具有变化。而且在私人建筑方面也装饰奢豪，皇帝的宫殿、私人的房屋别墅都很豪华，浴池、剧场也是如此。

古希腊制陶技术高超，陶器设计颇有特色。凡是有古希腊人足迹的地方基本上都留有精美的陶器。公元前7世纪以后陶绘艺术得到了迅速发展，尤其是瓶画内容丰富，寓意深刻，技艺精湛，装饰性很强。古希腊瓶画多为神话故事和英雄传说，反映诸如战争、狩猎、生产娱乐、体育等场景，它们戏剧性很强，生活气息浓郁，富有人情味。古希腊瓶绘技法主要有黑绘和红绘两种样式。艺术家先在陶坯上用黑色釉彩绘制图案和细节，烧制完成后陶器图形为黑色，底色褚红。梵蒂冈博物馆馆藏古希腊黑绘瓶画代表人物埃克西亚斯的作品，一件阿伽门农与大埃阿斯（Ajax）玩骰子双耳安弗拉陶瓶。在这件陶瓶上，通过人物造型可看出古希腊人乐观自信的精神风貌，在头盔、铠甲等部位生动表现了构图严谨、写实成熟的特点。两位英雄的嘴前面还写着他们所说的话，身后的空中还飘着希腊语的数字，以表示他们正在猜拳或喊叫所要的骰子面数目。红绘陶器大约在公元前6世纪初开始出现。红绘陶器的制作方法与黑绘陶器相反，匠师先在陶坯上用红色线条勾画出人物、动物和各种纹样，将图形底色涂黑，然后入窑烧制，烧成后陶画的底色为黑色图形呈现红色。纽约大都会博物馆圣餐杯，描述了特洛伊战争中的一段内容，在众神特使赫米斯（Hermes）引导下，睡神和死神正抬起宙斯之子萨比顿，要把他运回家乡去安葬。人物线条优美充满力量，头饰极为典雅和精美。

随着罗马帝国的强盛，地中海各国被罗马人征服。古希腊的各种艺术品被运去罗马，古罗马也吸收了古希腊各种文明的结晶，使罗马文化充满了希腊的色彩，古罗马几乎全面继承了古希腊的艺术样式。罗马的建筑、雕刻、绘画、工艺模仿古希腊艺术造型的特征，因此，人们将古希腊和古罗马的艺术并列称为“希腊罗马古典艺术”。在装饰艺术品上，这时期由于帝国的强盛，花纹装饰及其繁复，伊特鲁里亚的青铜梳妆盒（图2-41）是众多艺术精品中的一件，顶上刻有酒神赫尔墨斯（Hermes）及其养育者和精灵西勒诺斯（Silenus）三个雕像造型，三个雕像解剖精准、结构匀称；盒底下端的三个脚为踩在跳蛙身上的兽爪；中间圆柱器身上以刻线手法装饰着伊阿宋（Jason）和“阿尔戈斯”号船（Arges）英雄远赴黑海夺取金羊毛的故事。伊特鲁里亚最著名的青铜制品大概就是卡庇多里诺（Capitoline）的母狼造型（图2-42），这座雕像也是罗马的城徽。银器是罗马时代的代表性工艺设计之一，罗马帝国晚期已经能够制作极薄的银制品，罗马时期在器具盘、壶等表面捶打出浮雕装饰图案，有酒神、美神，也有一般妇女的头像，局部以雕金技法点缀，罗马的银器具有浓郁的古典主义雕刻风范。米尔登霍尔大银盘就是其中的瑰宝，其中的人物形象的创作方式相当古典，各种比例显得灵活而轻巧，雕刻出的线条精细而光洁，从工艺角度欣赏是不同技艺技巧的大融合。这些装饰工艺表明，和传统的艺术史论调相反，罗马帝国后期的政治衰败是和其艺术创造上的式微态势不相称的。

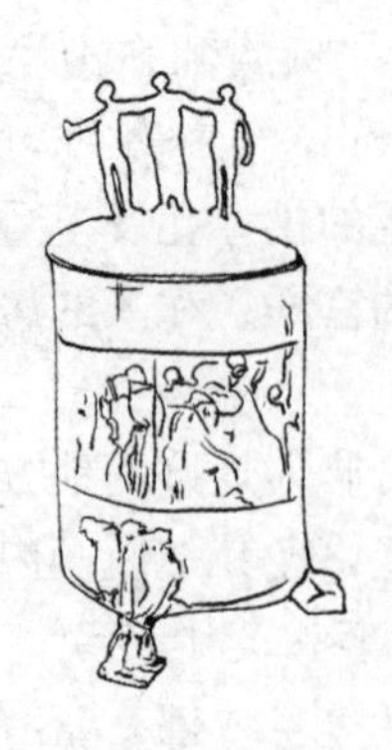

图 2-41　伊特鲁里亚的青铜梳妆盒

图 2-42　卡庇多里诺的母狼造型

3. 中世纪的设计

中世纪（5—15 世纪）是宗教压迫、封建割据带来频繁战争的时代。随着历史的迷雾渐渐消散，中世纪的真实面貌逐渐显露出来，人们对中世纪有了越来越客观的认识。基督教的精神集中在内心生活方面，要收敛心神，需要有一种建筑能隔离外界的纷扰，让心灵在庄严的气氛中飞腾，这便产生了浪漫的腾空直上的哥特式建筑。哥特式教堂的尖顶努力地向上飞腾，出现底边长度不同的等边三角形或者尖拱顶，符合哥特式建筑风格。教堂内部柱子华丽纤细，窗扇嵌着半透明的、绘有宗教故事的彩色玻璃，哥特式建筑既是精雕细琢建成的，而又崇高宏伟表示出努力向上高举的精神。

二、文艺复兴时期的设计

大约从公元 14 世纪开始，欧洲大陆显露出文艺复兴的曙光。文艺复兴最先在意大利各城邦兴起后蔓延到欧洲地区，于 16 世纪达到顶峰，反映了新兴资产阶级所要求的思想文化运动，从而开启了科学与艺术革命新的篇章。在资本主义工商业发展的推动下，欧洲南部的意大利取代法国成为文化的中心。

古典学术像星河一样灿烂，但由于战乱等原因，阿基米德、苏格拉底、柏拉图、毕达哥拉斯等先哲们的大量学术著作变得黯淡、沉寂，在漫长的中世纪更是被埋没无人问津。当欧几里得（Euclid）的《几何原本》、西塞罗（Marcus Tullius Cicero）的《演说家》、塔西陀（Publius Cornelius Tacitus）的《编年史》、佩尔西乌斯（AulusPersius F1accus）的《讽刺诗》以及昆提连（Marcus FabiusQuintilianus）的巨著《雄辩术原理》等古希腊、古罗马手稿沉寂了数百年在 15 世纪初重返人类的视野时，犹如一颗思想的火种照亮了黑暗中的意大利。意大利人对学习古代科学文化的巨大热情源自他们与古典文艺有着强烈的情感联系，表现在对科学、艺术、哲学和建筑的研究。对古典文化的学习蔓延整个欧洲，文艺复兴时期的艺术家们坚持学习研究古代的成就，在实践中探索着用新的方式表达。就这样，文艺复兴运动在学习的浪潮中迈出了自己的步伐。

（1）文艺复兴时期的两种设计思想。文艺复兴时期至少有两种思想为科学发展铺平了道路。一种思想为新柏拉图主义（Neo-Platonism），被认为是以古希腊思想来建构宗教哲学的典型。该流派主要基于柏拉图的学说，但在许多地方，它对阻碍科学进步的中世纪观念进行了新的诠释。另一种思想来自古希腊数学家和物理学家阿基米德（Archimedes）的影响。他的学术观点促进了宇宙机械观（宇宙是一架大型的机器，在机械力的作用下运行）的形成。这种思想在文艺复兴后期影响了诸如伽利略（Galileo Galilei）等一批科学家，他们提倡的“自然界可观察、可量度的论点”为现代科学发展奠定了基础。生产工具的革新、新型机械的出现，提高了工艺生产的水平与效率。文艺复兴时期，金属工艺、玻璃锻造、纺织及建筑领域的工具都有很大的改进。1500 年以后是欧洲纺织史上最重要的时期之一。

（2）文艺复兴时期，随着经济的发展，新型机械的出现提高了工艺生产的水平与效率。新兴资产阶级的崛起，人们使用的工艺品种类日趋多样化，金属工艺、玻璃锻造、纺织及建筑领域的工具都有很大的改进。15 世纪后期和 16 世纪，作为王室贵族和富裕商人的钟爱之物——贵金属工艺，也有了一定的发展。贵族们的奢靡生活促进了贵金属工艺的再次发展。1474 年仅 8 万人左右的佛罗伦萨一城就存在着 44 个金银细工师作坊，当时欧洲宫廷贵族多拥有豪华的金属用器，这些工艺品造型丰富，充满着流动扭曲的线条，布满了复杂多变的动物纹样，洋溢着华贵高雅的宫廷气息。15—16 世纪的装饰日趋繁华，皇室贵族和新型资产阶级对纺织品的需求亦刺激纺织行业技术革新，织布技艺有了很大的提高，织造的速度也更为迅速，技术的改进使织物有了更多的变化，图案设计也更为丰富；此外，当城市生活走向富足，在当时与之相应的是玻璃工艺的繁荣，玻璃制品需求增大，出现了透明度高的器皿和仿大理石或玛瑙纹样的装饰器皿，在繁丽的卷草纹饰中，局部还以珐琅与黄金等镶边，成为当时玻璃工艺的一大特征。活字印刷术的出现，使书籍生产由手抄阶段进入批量复制的时代，多种古代技术知识被迅速地传播开来，促使了其他技艺的更新。家具业在各国形成了不同特色，从保留至今的文艺作品中我们可以看出家具造型对古典主义的借鉴。

（3）古典艺术特征的装饰手法。这一时期人们发现曾经尘封已久的古典艺术理论蕴含了大量的科学知识，人们要发觉其中的奥妙，批判中世纪经院哲学，反对封建等级制度的实物体现。因此，古典时期的各类神话英雄人物，故事情节被大量应用于装饰各类日常生活器皿。例如意大利金工师贝维努·切利尼（Benvenctto Cellini）的缸体全部由黄金做成的金制御用盐缸，在椭圆形的台座上雕刻着由象征着四季的浮雕野兽围绕着的两个相对而坐的地神（左）和海神，作品豪华而精致，形成了与中世纪的贵金属工艺风格完全不同的装饰特征（图 2-43）。

图 2-43　台座上雕刻着的地神和海神

（4）实用性增强。如果说繁缛的装饰是供给贵族与新型资产阶级的，那么朴实使用的生活日用品是普通市民所大量需求的。佛罗伦萨流行过一种名为“卡萨帕恩卡”（Cassapanca）的箱座靠椅，它可作为靠椅，内部则可放置衣服杂物，如果将两张椅子拼合起来就成为临时实用的简易床铺。由于功能多样，可分可合，被赞为万能家具。

（5）东方装饰风格的借鉴。文艺复兴时期由于欧洲各国经济实力增强，与东方的贸易活动增多，并逐渐向东探索，拜占庭、波斯、印度、中国等地的货物不断输入，东方风格也被借鉴在各设计领域。

（6）文艺复兴时期巨匠。这是一个大师辈出的年代。最著名的文艺复兴三杰是达·芬奇、米开朗琪罗和拉斐尔。三位大师在雕塑、绘画、建筑、诗歌、机械制造、科学研究等领域的成就，代表了文艺复兴时期的艺术与科学成就的高峰。在今天看来，三位大师涉猎的领域之广、学问之深无人可望其项背。

① 李奥纳多·达·芬奇（Leonardo da Vinci）。他是全能的，既是伟大的画家、雕刻家、音乐家，也是成就卓绝的科学家、建筑设计家和工程技术专家。他热衷于艺术创作和理论研究，不断地研究如何用线条与立体造型去表现形体的各种问题，同时对知识有强烈渴求，他也研究自然科学，其研究涉及光学、数学、地质学、生物学等多种学科，几乎包含所有的学科领域。他能领先几个世纪预测出时代发展的潮流，他对艺术的实践和对科学的探索精神对后世产生了重大而深远的影响。

② 米开朗琪罗（Michelangelo Buonarroti）被认为是文艺复兴最后一位巨匠。他是一个雕塑家、建筑师、画家，更是一名诗人，他才华超群，将人文主义的思想赋予自己的作品，他的画作与雕塑均反映了生命的顽强。与达·芬奇试图阐释转瞬即逝的现象不同的是，米开朗琪罗热衷于表现永恒的真理。在米开朗琪罗的晚年，他的风格逐步流露出一种顺从的悲观主义的心态。

③ 拉斐尔（Raffaello Sanzio）是天才的艺术家，绘画风格严谨、饱满、秀美、典雅。他为教皇工作，在艺术上的探索和积累，加上勤奋的创作和精益求精的艺术态度，终于给拉斐尔带来了不朽的杰作——《西斯廷圣母》（图2-44）。这幅画绘于1515年至1519年间，是为皮亚钦采的圣西斯廷教堂绘制的，现藏于德国德累斯顿博物馆。在文艺复兴时期的绘画里，《西斯廷圣母》是世界美术作品中的精华之一，可能是最深刻、最完整地体现了母爱的主题。和拉斐尔以前的作品相比，我们发现《西斯廷圣母》这幅画的一个重要特征，就是在精神上和观众的交流。

图2-44　拉斐尔作品——《西斯廷圣母》

文艺复兴之后，西欧逐渐显现出技术的优势。这一动向建立在传播和发明的基础之上，随之而来的是艺术与技术的分离，设计逐渐作为一种独立的行为显现出来。

三、巴洛克、洛可可和新古典主义设计

我们翻开欧洲文化艺术史，在16世纪下半叶，达·芬奇、拉斐尔、米开朗琪罗等艺术大师的相继离去，使文艺复兴运动的光芒逐渐消散，整个欧洲艺术进入一个相对复杂的时代，各国出现了不同的艺术流派，而此时的意大利为了巩固其艺术上的霸主地位，在教廷以反宗教改革为名义的引导下，巴洛克风格渐渐成为欧洲艺术的主流。在时间上，起源于16世纪后期并延续到18世纪上半叶的巴洛克艺术几乎涵盖了那个时代的艺术领域，包括音乐、绘画、建筑、雕塑、装饰艺术等。

巴洛克（barocco）一词源于葡萄牙文，作为珠宝行业的术语指不圆的珍珠，也意味着贵重的宝物摆放得凌乱不堪。巴洛克时期上接文艺复兴（1452—1600年），下接古典、浪漫主义时期。古典主义者认为巴洛克是一种堕落的艺术。对于如何评价巴洛克艺术，迄今仍是一个比较复杂的问题，虽然在学术上仍有争论，但多数人持有中性偏正面的看法。

位于梵蒂冈的圣彼得大教堂被誉为巴洛克建筑的典范。建筑以圆拱、柱廊和角塔为主，教堂内部中心位置祭坛上的巨型华盖由大理石和青铜制成，华盖顶端是镀金的十字架，周围装饰藤蔓，天使簇拥，大量使用波浪的墙面、重叠的柱式，曲线和复杂的平面布局使华盖充满神秘感。包围着大教堂的广场有如集会厅，两侧半圆形的回廊像围拢着的手臂将众多教徒包围，整座建筑华丽宏伟赋予观者以惊奇的视觉冲击。巴洛克设计所渲染的欢乐情绪不仅仅带给观者以欢乐，更多的时候赋予观者以惊奇的视觉冲击，典型的新奇之举或许来自对曲线的应用。巴洛克早期的家具，改变原来常用的圆形旋木与方木组成的桌腿，设计出回廊式、扭曲形的柱腿。这种创新形式打破了历史上家具以稳定性为先的设计准则。扭动的形式也影响了建筑，出现了著名的扭糖柱。贝尔尼尼为圣彼得大教堂设计的由四根巨型扭糖柱支撑的庞大铜质神龛，并在柱上饰以环绕的花藤增加其扭曲的动感。如此奇伟壮观之象，后为巴洛克风格所继承。

洛可可（rococo）源自法文“rocalle”，原意是指贝壳形状的室内装饰物。源于18世纪法国宫廷和上层贵族家庭室内装饰的洛可可设计，后来对绘画、雕塑、产品和家具设计等方面有一定的影响。与巴洛克设计宣扬教会和国王的权威不同，洛可可设计更多为世俗生活服务，尤其是为满足贵族的享乐生活服务。巴洛克风格雄伟壮大，显示出男性的阳刚之美，洛可可风格则细腻柔丽，显示出阴柔的女性之美。

洛可可设计受女性体形的影响，喜欢设计成曲线，常采用C形、S形、旋涡等曲线为造型的主要构架。环绕或悬挂的曲线上装饰以多种怪诞的细节，绵延不绝，充满流动感，形成了一种极其雅致却缺乏重点的风格。洛可可装饰的精致程度已经达到了让人匪夷所思的程度，即使是一件最普通不过的日用产品，也要饰以富丽繁杂的花朵及人物。那些仿真的花朵含苞待放，装饰人物的面部表情则与真人流露出来的悲欢离合别无二致，过分精致的手工导致了装饰的乏味。繁缛、奢华成为洛可可风格的另一个特征。烦琐的风格不仅表现在单个作品的细节上，在一个房间、一座宫殿中也是如此。就洛可可的室内装饰的所有织品来看，沙发坐椅套、窗帘、帷幔、挂毯、床帷等制品从质地到花纹都被装饰得密不透风。

18世纪末随着经济领域实现工业革命，新兴资产阶级登上历史舞台，传统的手

工业设计向现代工业设计转变，在转变的过程中出现了不同风格的设计，西方艺术设计在重复传统的同时，进入从传统走向现代的过渡时期。新古典主义设计风潮流行，它代表的是新兴市民阶层的喜好。新兴市民阶层的喜好占据上风。新古典主义设计强调以直线为主体，追求整体比例的美，表现注重理性、采取节制和均衡手法以取得结构清晰、脉络严谨的效果，开启了与工业革命机器大工业生产相适应的现代设计的先声。这一时期英国处在维多利亚女王统治阶段，科技迅速发展，新材料、新技术不断出现，新古典主义设计风格中的含蓄内敛、理性包容、比例完美等在这一时期设计中都得到充分体现。

新古典主义推崇古代希腊和罗马的风格特征，以瘦削直线为总体特征，充满理性的几何形状代替了螺旋弯曲造型，并带有严格的古典装饰，从此之后取代了巴洛克和洛可可风格的曲线装饰。新古典主义风格家具主要在法国和英国盛行，并推崇古代希腊和罗马带有理性的朴素庄严的风格特征。

四、现代艺术设计

进入20世纪，西方社会迅速开展工业化和城市化运动，资本主义体制快速发展，民众生活发生变化，科学技术不断进步，机器大工业生产成为社会最主要的生产方式。城市化进程的加快使消费需求越来越旺盛，巴黎、伦敦、纽约成为人口数百万的国际性大都市，国内外市场日益扩大。如何满足市场需求成为西方设计的重要课题，与机械化、标准化和批量生产这些工业时代的理念紧密联系在一起，以理性和功能要求为特征的现代主义设计应运兴起。1892年，美国芝加哥学派的建筑家沙利文提出“形式服从功能”的主张。1908年他在《装饰与罪恶》一文中认为“装饰即罪恶”。同时期不少设计家强调“功能至上”。勒·柯布西耶提出“房屋是居住的机器”的主张。密斯·凡·德·罗宣称“少就是多”。现代主义设计强调机械美、功能美，主张理性化的设计，主张简洁、实用，发展出与以往不同的、真正具有工业时代特征的设计风格。现代是传统的延续与演变。

两次世界大战之间，美国的工业与工业产品设计取得了世界领先的位置。汽车是美国最重要的工业产品，雪佛兰汽车是美国通用汽车公司生产的汽车，设计新颖、面向大众，被美国人亲切地称为“CHEVY”，即“追跑”的意思，与棒球、热狗、苹果派一起成为美国生活方式的象征。1927—1928年，有着新颖设计和先进技术的雪佛兰轿车在美国本土销量超过百万辆，超过了最大的竞争对手——福特公司，竞争压力使福特公司不得不改变“实用型汽车”的原则，重视汽车外形设计的变化，抛弃了生产近20年的外形笨拙的T型车，转而生产全新的A型车。

1927年，职业设计师多温·蒂格接受柯达公司委托进行照相机外形设计。1928年他设计出大众型柯达相机，具有装饰艺术运动的设计风格，机体采用平行相间的金属条带和黑色条带，好像此前埃及发掘出来的图坦卡蒙法老王面具，投入市场后反响热烈。1936年，蒂格为柯达公司设计出了最早的便携式相机。

二十世纪三四十年代美国流行的最初集中用于交通工具设计的“流线型”风格是典型的现代主义设计风格。“流线型”最早在工业产品设计中出现，很快影响到日用品设计的各个方面。1937年，美国设计师雷蒙德·罗维（Raymond Rowe）为宾夕法尼亚铁路公司设计的GG-1型火车头（图2-45），获得巴黎世界博览会金质奖章。罗维首开工业设计先河，他的设计大到火车、轮船、空间站，小到我们熟悉的可口可乐瓶子。1886年可口可乐饮料在美国发明，此后风靡世界，成为美国生活方式的象征。可口可乐文字与玻璃饮料瓶设计是20世纪30年代罗维具有代表意义的作品（图2-46），可口可乐的英文字体连贯流畅，白色字体使人轻松地联想到软饮料的特点。玻璃瓶造型与众不同，辨识度高，抓握更加舒适，使可口可乐面貌为之一新，扩大了产品销售和市场占有份额。1934年，美国克莱斯勒汽车推出“气流型”小汽车，此款设计虽然在市场销售中反响平平，但对德国的“大众”小汽车设计产生了很大的影响。德国设计家波尔舍将“气流型”与仿生学结合，在1936—1937年间设计出甲壳虫形状的“大众”牌小汽车，此款车外形像一只甲壳虫，内部空间大，价格便宜，适合在高速公路上行驶，因而受到消费者青睐。借鉴美国的工业设计、生产和管理经验，意大利的工业设计有了长足的发展。著名的办公机器设备商——奥利维蒂公司考察美国的生产技术后，在1908年推出M1型打字机，并在1911年都灵国际工业博览会上展出。1925年，奥利维蒂公司学习美国现代化的生产技术与工厂管理，引进大批量和流水线的生产方式，设计并制造出新型M40型打字机，深受20世纪30年代的欧洲的欢迎。1935年，尼佐利将为奥利维蒂公司所做的“莱克西康80”手动打字机设计成机械打字机的基本样式，直到IBM公司20世纪60年代发明出电动球形字头打字机才被取代。

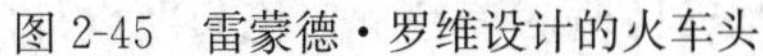

图2-45　雷蒙德·罗维设计的火车头

图2-46　罗维设计的可口可乐瓶身

意大利一家厨具制造商拉歌蒂尼（Lagostina）创办于1901年，该公司在1934年首次推出了Casa Mia系列不锈钢锅，成为第一个采用不锈钢制造厨具的公司。

两次世界大战之间，丹麦、挪威、芬兰、瑞典4个北欧国家在工业产品设计中取得了举世瞩目的成就。凯尔·柯林特是为丹麦现代设计的形成和发展作出了突出贡献的设计家，1924年他创建了哥本哈根皇家艺术学院家具设计系，培养出了不少具有世界影响的家具设计家，使丹麦设计学派得以形成并获得巨大发展。在1925年巴黎举行的装饰艺术博览会上，丹麦的工业产品设计获得好评。丹麦设计家汉宁森设计的吊灯将不同尺寸的反光材料组合起来，温馨柔和的光线向不同方向照射，特别适合家庭厨房餐桌上的照明，体现出设计的人性化。汉宁森设计的吊灯体现出北欧工业产品设计的特色，后来发展成为 PH 系列灯具（图 2-47），至今仍然畅销市场。

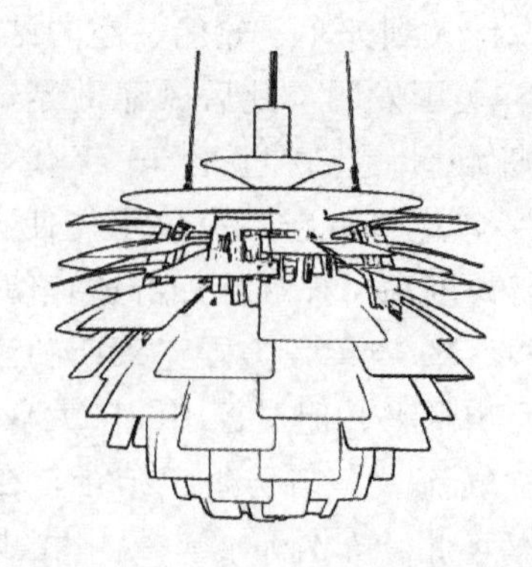

图 2-47　丹麦建筑师兼灯具设计师保罗·汉宁森设计的 PH 灯

芬兰和瑞典作为斯堪的纳维亚设计的代表国家，其所设计的产品展现出亲近大自然和美化生活的特征。20 世纪 20 年代，芬兰设计师阿尔托采用模压和弯曲技术制作家具，而他的妻子将其家具设计转化为商品，在全世界获得了巨大的商业成功。同时期瑞典的宜家公司与阿尔托的阿特克里木制家具公司达成合作协议，使得宜家公司成为今天最著名的全球家具和家居用品连锁企业。

包豪斯成立于 1919 年，学校建在德国的魏玛。正值“一战”结束百废待兴，人们刚刚摆脱战争渴望过上新生活，这种大背景下，包豪斯正适应了追求新思想的青年们的需要。在包豪斯宣言的感召下，青年们从德国和欧洲其他国家会聚到包豪斯。他们不是为了设计灯具或陶罐，而是为了成为这个致力于最新观念和最先进设计的新社区中的一员，这个社区尽可能地激发每个人的创造力。这正是青年们到来的目的。包豪斯一共经历了三个不同的发展阶段：第一个阶段是在创立阶段的魏玛时期；第二个阶段是在成熟阶段的德绍时期；第三个阶段是在尾声阶段的柏林时期。三任校长——瓦尔特·格罗皮乌斯、汉尼斯·迈耶、密斯·凡·德·罗，对包豪斯的发展都起到了至关重要的作用。首任校长格罗皮乌斯聘请现代运动中一些最重要的设计家来此工作，例如美国画家里昂内·费宁格、德国雕塑家杰哈德·马克斯、俄国画家瓦西里·康定斯基等。格罗皮乌斯是创建包豪斯体系最重要的设计家。他曾是德意志制造联盟的成员，与凡·德·威尔德一起反对穆特休斯的标准化设计的主张。在格罗皮乌斯的指导下，包豪斯设计教育提倡自由创造，反对模仿和墨守成规；将手工艺与机器生产结合起来，提倡在掌握手工艺的同时，了解现代工业的特点；强调基础训练，从现代抽象绘画和雕塑发展而来的平面构成、立体构成和色彩构成等基础课程，成为包豪斯对于现代设计教育的最大贡献之一；强调实际动手能力和理论素养并重；注重学校教育与社会生产实践结合。包豪斯现代设计教育在全世界产生了广泛的影响。

在设计理论方面，包豪斯提出了三个基本观点：①艺术与技术的新统一；②设计的目的是人而不是产品；③艺术必须遵循自然与客观的法则来进行。包豪斯自成立以来，格罗皮乌斯一直都想把它建成一个类似于中世纪性质的小社会，成为一个乌托邦理想社会。受比利时设计大师凡·德·威尔德的影响，格罗皮乌斯继承和发扬了将技术与艺术结合的思想，他利用“双轨制”的教学体系，形式大师和作坊大师配合教学，最大程度上实现了“技”“艺”的结合。

包豪斯时期的设计产品。1925年，包豪斯细木工车间负责人布劳耶用比较廉价的镀铬金属弯管为老师瓦西里·康定斯基专门设计的“瓦西里椅”作品，充分展示了现代工业中生产工艺与技术的完美结合（图2-48）。密斯·凡·德·罗将功能主义与艺术之美相结合，他提倡“少即是多”的设计原则，表明了现代主义设计的立场。设计钢管与玻璃材质组合的桌子，这种新材质的组合仍然影响着现代的家居设计。1929年在西班牙巴塞罗那举行的世界博览会上，唯一的现代主义建筑德国馆展出了密斯·凡·德·罗设计的椅子。这件被称为“巴塞罗那椅”的设计结构简单、风格朴素，使用传统的皮革材料，结合现代工业的镀铬钢，精心设计制作，展现出现代主义设计的审美理念，X形的构架又有中世纪座椅的力量感。从1984年起，巴塞罗那椅在美国投入生产。巴塞罗那椅象征现代主义、高尚品味和优秀质量，意味着美国大公司价值观的实现，因而受到市场的欢迎。包豪斯时期在建筑、工业、平面设计、影视等方面有许多优秀的设计，并对现代设计产生深远的影响。

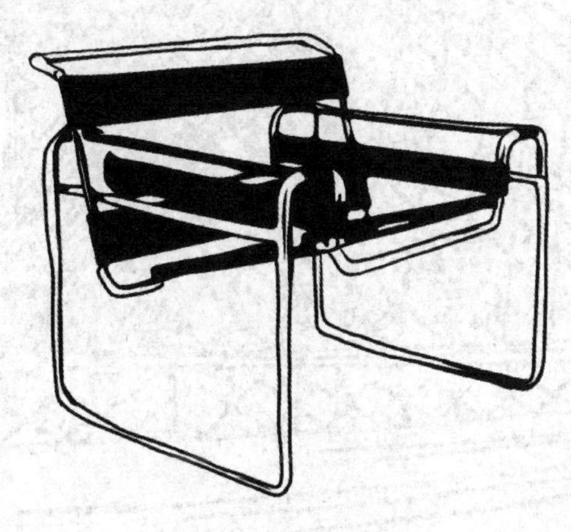

图2-48　瓦西里椅

新时代的设计方向。“二战”结束到跨入新世纪，人们从使用电话到5G网络，新时代的设计包容性更强、更理性化，信息技术、大数据、虚拟现实、绿色环保等命题在设计中得到体现。二十世纪五六十年代，美国等西方国家进入经济高速运转的时期，步入富裕生活状态的新一代消费群崛起，人们对产品的要求变得日趋多样化，而设计也因为市场的需求，开始更多地对自身产品特色设计和消费者进行研究，也改变了设计从策划、设计到产品的基本运作过程。20世纪70年代后现代主义成为主要力量，其最早的起点是对现代主义的原则和价值持有批判性立场。1971年迈耶在美国纽约州设计的温斯坦住宅可以说是“白派”设计的代表之作，白色的建筑坐落在绿地上，几乎与自然环境连为一体，完全改变了早期现代主义设计冷漠的机器特征，充满了人性化的意味。20世纪80年代是设计迅速繁荣的年代，这种繁荣首先体现在设计行业的迅猛发展。80年代经济的发展使人们见证了新一代设计师的独立性，1983—1989年贝聿铭应法国政府之邀完成了巴黎卢浮宫扩建工程设计。设计家独辟蹊径，运用大胆新颖的手法，将扩建工程入口处设计成玻璃金字塔的形状，有着古埃及联想的造型，既体现出现代的艺术风格，又成为运用现代科学技术的独特尝试（图2-49）。这座钢铁框架镶嵌玻璃造型的金字塔也曾引起巨大争议，而如今人们已经认识到卢浮宫的古典建筑被金字塔的几何形更好地衬托出来，从而予以承认和接受。20 世纪 90 年代设计出现新的方向，“绿色环保”成为设计师更加关注的社会问题，强调人与自然之间生态平衡的绿色设计潮流趋势，减少能源消耗，减少有害物质排放，尽可能地使产品及其构件能够易于回收和重新加工再利用，成为设计的发展方向。设计进入以人为本、绿色环保的新时代。另一个设计新方向是“人工智能”，通过大数据技术掌握某地域的消费结构等数据并进行针对性强、契合度高的设计。21 世纪，科学技术将引领设计界重新构造我们的世界。

图 2-49　卢浮宫金字塔

第三章　设计的类别

按照设计的目的不同，一般可将设计大致分为视觉传达设计、产品设计和环境设计三大类型。这种划分是在自然界中的人类个体聚集成社会，这种社会又将自然中的产物转化成产品满足人类更高需求的螺旋式循环发展中形成的。

第一节　视觉传达设计

一、什么是视觉传达设计

传达是人类彼此交流的基本方式。自从有人类以来，人类之间就有了信息传播，人们总是可以将自己的思想传达给他人，并从他人、书籍、新闻中获取各种信息。在现代信息社会，传达是社会生活各个方面之间关系的最主要特征之一。

中国古代，人们从街坊巷尾远远看到店铺外高悬的葫芦就知道是药店，这种将视觉符号转化为视觉观念，并被人们所共识，就是视觉传达的视觉语言。在现代，视觉传达设计是指印刷术出现后基于公共传达的设计。视觉传达设计的概念在“二战”以后出现，在此之前，有诸如应用美术、商业美术、商业设计等概念，随着社会生活的日新月异，设计对象不断扩大，视觉传达设计应运而生，它更加全面地涵盖“视觉情报”的最本质内容。

视觉传达设计师将针对信息接收者的文化背景、传统习俗选择适合的符号媒介，这是传达设计的基本原则。比如：“龙”在中国是神圣吉祥的寓意，对没有任何中国文化背景的西方人来讲“龙”是邪恶的化身；断臂的“维纳斯”图像符号也不一定能让所有人联想到“爱与美”。

视觉传达设计由如下要素构成：①商标、标志。商标、标志是代表企业或团体的符号，具有象征意义，是将企业的或团体的精神集中，提炼并抽象地转化到点、线、面构成的视觉图形，是视觉识别中最基本的要素，是企业或团体建立良好的公众形象的重要媒介。此外，公共场所的空间标志、标识（如洗手间、公用电话、交通指示、安全标志等）以及运动会视觉传播系统的共识图形也属于此类。标志的设计力求单纯、瞬间即可识别，而且它所表示的意义、内容必须让人容易理解，要有标准色，并且制作要方便。②插图。插图不仅仅是文字的简单说明、补充，而且是吸引人视线的趣味中心。插图的表现方法多种多样，但应视传达内容、创意要求、诉求重点，选择适当的风格和形式。③美术字。所谓美术字，指的是设计文字，其特征为：依据所传达的内容将文字变形，使想表达的意思更突出，但文字还应具有一定的识别性。④印刷术。使用铅字活字和照相植字构成版面。⑤版面设计。根据目的把视觉设计的构成要素，如文字、插图、标志等，以美观的功能性进行配置构成，以便引人注目，容易阅读。

二、视觉传达设计的领域

1. 字体设计

在我国，字体设计主要有中文字体设计和英文字体设计。将基础字体变化形成变体、装饰体和书法体等。字体设计可以将文字要表达的含义特征突出，发挥更佳的信息传达效果，例如女装品牌的字体设计与不锈钢零件企业的字体设计在笔画结构、造型赋色等方面大相径庭。

字体设计广泛运用于包装、招牌、标志、书籍装帧等设计中，它通常与其他视觉传达要素（标志、插画等）紧密配合，以发挥高效的传达效果。

2. 标志设计

作为传播信息的符号，标志被越来越广泛地应用在社会生活的方方面面，其具有超越文字和符号的强大视觉信息传达功能，在视觉传达设计中占有不可替代的地位。

标志设计必须简明且丰富，易记又易辨识，赏心悦目的同时又具有感染力，比如中国银行的标志在传统的方孔铜钱基础上演绎出新的精神内涵。其实，标志在政治文化中也常常代表国家、政府、团体的形象。

3. 插图设计

插图设计是受传达指定信息的约束而对指定信息的一种总结，具有直观的视觉效果。插图设计被广泛地应用在书籍、广告、包装、影视等设计中。随着电脑辅助技术的发展，插图设计异彩纷呈。

4. 版式设计

版式设计通常应用在书籍装帧、册页、报纸、影视海报、平面广告等设计中，当编排的是书籍版面时就属于书籍装帧，当编排的是包装内容时又属于包装设计。

版式设计是以版面整体美观易读的视觉效果为目的，将文字、标志、插图等视觉要素进行合理的整合，可以激发观众的兴趣。

5. 广告设计

广告的历史非常悠久，可以追溯到人们开始以商品交换商品的原始社会。古代社会人们走街串巷推销商品时的吆喝声是一种口头广告。到宋朝，济南刘家的功夫针商铺推出了铜版广告实物，铜版上刻一只手拿捣药杵的白兔，两边广告语写“认门前白兔儿为记”，这是中国有记载以来最早的广告。随着电信技术的发展，广播广告与视频广告成为广告推送的主体。

广告分为商业广告和非商业广告两大类，前者以盈利为目的，后者包括公益广告、政府公告、启示声明等。广告设计主要是商业广告设计和公益广告设计。

商业广告设计必须进行充分的市场调查，依据产品定位制定有针对性的广告策划，广告设计师就像“戴着枷锁的舞者”，应避免加入个人的好恶。

6. 包装设计

包装设计是对产品进行保护并对包装结构和外观进行设计。包装是产品的外衣，这件衣服要穿出品牌个性，是视觉传达设计的重要组成部分。

包装原来的目的是确保商品在运输的过程中不损坏、便搬运、易储存，现代的包装设计除了这些基本的功能外，还会根据不同的产品特性和消费要求，采用相应的技术和工艺，目的是向消费者传递准确的商品信息以激发购买欲望，树立良好的品牌形象，提高竞争力。学生在学习过程中应了解不同物品的包装结构及材料，建立正确的包装设计观念，避免过度包装和环境污染。

常用的包装有食品类、酒类饮料类、医药类、化妆品类、家庭用品与五金类、电子产品类、娱乐运动器材与文教类等。包装按大类别也可以分为以保护为主的工业包装和以促销为主要目的的商业包装两类。

包装设计基本要素。第一，识别性。识别性是此商品区别于彼商品的独特性，如CHANEL品牌包装充满女性优雅奢华气质，包装上白色山茶花具有极高的识别度。识别性是包装设计的必要语言。第二，色彩性。恰当的色彩运用赋予商品不同情感。如中西方面点烧饼、麻花、桃酥、蛋糕、吐司等无一例外地采用饱和度、纯度较高、红黄等热烈的色彩，使色彩与口味、情感相连。第三，象征性。象征性表现为在大多数人对特殊的符号有共同心理感受的基础上用以表达抽象的属性。比如中华牌香烟的烟盒包装用华表和红色象征品牌地位与质量。第四，展示性。在面对大量商品时，哪种包装设计能够脱颖而出，使消费者关注并留下印象，是展示性研究的重点。第五，功能性。保护商品是功能性所必要的，另外消费者在拆开包装时能够感受到设计细节对商品保护的心思，获得贴心的关怀，获得良好的购物体验。第六，展示设计。又称为陈设设计，是指将商品进行有目的的摆放装饰获得具有观赏价值和文化意义的设计。以前商家简单地装饰货架上或橱窗里的商品，意在引起顾客的注意，起到引导购买的作用。随着社会经济与技术的发展，展示设计的领域更加宽阔，如博物馆、美术馆、世博会、车展、商场广场上的主题展示设计等。展示设计包括“物”“场地”“主题”“时间”四要素。确定“主题”，规划人流动向，在“场地”形成人的流动视线与“物”的交流，同时考虑展示时间的长短。展示设计还要在造型、灯光照明、材料、音响、文字、视频等方面调动观众视听觉，形成良好氛围。第七，影视设计。影视设计即视频设计，包括电影、电视手机界面交互设计。自从电脑辅助设计出现以来，有视听效果的影视设计更精彩，使信息传递的过程更高效，影响也更广泛。

第二节　产品设计

一、什么是产品设计

从广义上讲，产品设计是人类的造物活动，是陶罐，是石器，随着生产经验的丰富，产品设计的范围逐步扩大。西汉时期劳动人民利用水资源，设计出粮食加工机械——水碓，“役水而舂，其利百倍”。1919年格罗皮乌斯在德国创立的包豪斯设计学校真正将产品设计作为一门学科引入教育体系，包豪斯提出了三个观点：第一，艺术与技术的新统一；第二，设计的目的是人而不是产品；第三，设计必须遵循自然与客观的法则。包豪斯虽已离我们远去，但是它奠定了产品设计的坚实基础。

产品设计是为方便人类使用而进行的设计，是对工业产品进行有预想的开发和创造的一种设计活动，在设计过程中对产品的形态、色彩、材料、结构、工艺等进行综合处理。产品设计的内容广泛，从玩具、烤箱到高铁、飞机等，可以说产品设计是一门交叉学科。

我们以汽车设计为例讨论产品设计的范围。一台新的车型设计，设计师要考虑车辆设计符合生产工艺和技术要求；车子的行驶速度、安全性、舒适性和舱内良好的操控性；还要重视车辆行驶对环境带来的影响，如节约能源、减少污染包括噪声污染等；此外，汽车外形设计要符合大众的审美并超越其审美引导潮流。

既然产品设计是人类的造物活动，那么摩天楼、大坝、城市等巨大的人造物的设计是产品设计吗？我们习惯上称之为环境设计而不是产品设计，像不生产实体物质的银行、保险等部门推出的金融产品也是需要设计的，但它们不是我们所指的产品设计。

二、产品设计的组成要素

产品设计要实现人、产品、环境三者的协调，必须在产品设计过程中充分考虑设计的组成要素。

产品设计的组成要素主要有以下几个方面：功能要素、人因要素、形态要素、色彩要素、材料要素及加工要素等。

1. 功能要素

功能是指产品所具有的效用、用途。产品的使用功能是产品设计最主要、最基本的功能，此外产品还需具备精神功能，即审美功能。密斯·凡德罗曾用生动形象的例子说明其中的联系，他说，如果有一对姐妹，她们都身体健康、谈吐优雅并且富有，一位有漂亮的脸蛋而另一位却没有，你会选择哪位呢？这个例子说明产品的使用功能和审美功能是相互联系、密不可分的。此外，产品的附加功能已成为提高产品产值的重要方法，如手机除了电话功能及漂亮的外观，还可以上网、游戏、储存信息、摄像、收发邮件、线上学习、购物支付等，这些附加功能能够提高产品的价值、吸引消费者的注意力。这里需要说明的是，过分强调附加功能不仅会增加成本，也会使消费者在使用时感到烦扰。

2. 人因要素

产品设计最终是为人服务的，设计者在设计过程中应注重消费者的心理、生理特征，了解不同年龄、性别、职业的需求。同时，在设计中应用人机工学的原理，研究消费者在使用过程中的活动区域、比例尺度、人体尺寸等，使产品操作起来便捷灵活、安全舒适。

3. 形态要素

随着经济的发展，人们追求高品质且外观时尚的产品，对产品形态要求提高，形态设计成为市场销售中是否具有竞争力的关键因素。例如，在家电类行业，每年都会推出升级换代产品来增强市场竞争力，如果不推出新款一直经营旧款式，消费者会认为这家企业竞争力不足，没有生机，是将被市场淘汰的。因此，设计师应掌握形态设计的流行趋势，预测未来变化，不断进行形态创新设计。

产品形态的类型虽然繁多但有规律可循，归纳起来主要分为自然形态与人工形态。

（1）自然形态。自然形态是自然界中的无机形态与有机形态的统称，像山脉、树木、冰雪、动物、鱼类等。产品形态设计常常模仿自然形态，从设计的动机来看不仅是为了审美，更是通过这种形态获得自然象征物的神秘力量。对形态构成来说，自然形态是形态设计的起点，是从形态的模仿升华到形态的重构。例如：花朵形态可以重构成椅子，鲸鱼的造型应用在潜水艇外观上，雪山的形态给予矿泉水瓶纯净、天然的感觉等。通过创造性思维对形态结构功能进行研究，达到创新的目的，获得意想不到的效果。值得注意的是，自然形态中的有机形态是指具有生命感的形态，充满活力和弹性，例如破土而出的种子、浪花拍打着的贝壳、生物的细胞组织等，这些形态古朴、饱满、富有力量感。

（2）人工形态。自然形态的形成早于人工形态，人工形态是在人类劳动中产生的，它的形成是需要动机的，如餐具、印章等。人工形态将设计又分成使用功能设计、文化功能设计和综合设计，这三类是各有重点相辅相成的。例如：普通瓷器餐具的功能是实用，而国宴上的瓷器餐具设计在造型色彩上更注重文化礼仪的传递；印章用作印于文件上表示鉴定或签署的文具，在封建皇权社会又有着特殊的意义，皇帝用的称为玉玺，民间的契约文件使用的是普通印章，功能大相径庭。工业革命强调人的主观意识要以客观的物性规律来决定，增强了人们改造自然方面的能力，落实到具体设计上，最典型的特征是荷兰风格派和俄国构成派设计，他们的共同之处是在平面和立体造型设计中追求机械的严谨精确，较严格地遵守几何样式，寻求与适应工业化时代的设计语言；随着对形态规律了解的深入，人们抓住形态的本质进行创新设计，人工形态呈现出强烈的时代特征。

4. 色彩要素

在产品设计要素中，色彩起着重要的作用，合理的色彩使产品给人以美感，让使用者产生精神上的愉悦。

（1）色彩三要素。指色相、明度、纯度。色相是色彩原本的相貌，色彩三原色指红、黄、蓝；明度是指色彩的明暗程度，每个色相加白颜色提高明度，加黑颜色反之；纯度又称饱和度、彩度，色彩三原色红、黄、蓝的纯度最高，纯度高的颜色不含任何其他色彩。色彩的三要素不是孤立存在而是紧密联系的。

（2）色彩对比。两种或两种以上的色彩进行对比，区分效果称为色彩对比。

色相对比：色相环中因色相差别而形成的对比。相距近的色相对比弱，相距远的色相对比强，在色相环上相对 180°位置的两颜色对比强烈互成补色。

明度对比：因色彩明暗程度的差别而形成的对比称明度对比。明度对比分为两个方面：一方面，纯度较高的色彩也有明暗对比，比如三原色当中我们明显看到黄色的明度比红和蓝颜色高；另一方面，某一个纯色或复色中加白，明度较原来明度提高，加黑则明度降低，当然明度变化的同时这种色彩的纯度也发生变化。

冷暖对比：色彩的冷暖赋予颜色情感，一般红、黄、橙等为暖色，蓝、紫等为冷色，这种冷暖颜色在对比中产生，暖颜色表达热情、欢快，冷颜色表达科技感、冷静等，这是产品造型效果的重要表现方式之一。

面积对比：当产品外形确定好主色调后，为避免颜色单调，可以在较小的区域内进行重点配色，以达到画龙点睛的效果，常用于重要的开关。

(3) 色彩调和。色彩调和与色彩对比是辩证统一的，调和是同类色、同明度的搭配使得色彩看起来统一，对比则产生变化。例如：丰田汽车的外部色彩，讲究调和，色彩统一，但局部描绘金色花纹与整体颜色形成对比，达到生动活泼、与众不同的效果。

(4) 色彩心理。不同颜色有不同的心理特征。

红色：是火焰的颜色，具有很强烈的感染力，象征着热情、喜庆，又具有警示危险的作用。

黄色：象征温暖、光明，另一方面有轻薄、软弱之感。经常用在食品外包装上。

蓝色：天空、海洋的颜色，象征和平安静，一般用于较理性的产品中，如机车类。

绿色：是植物的颜色，象征大自然与生命力，产生柔和、广阔的效果。

紫色：象征高贵、优雅，紫罗兰色是女性化的色彩，在设计中大面积使用深紫色会比较沉闷。

黑色：象征严肃、时尚。

白色：象征纯洁、干净，医疗卫生仪器多用白色。

灰色：给人平淡、单调之感，有某种色彩倾向的灰色又称莫兰迪色，赋予色彩精致高雅的感觉，在女性题材的产品设计中广泛应用。

(5) 配色原则。依据产品的功能及消费对象，产品外形设计一般应定下主色调；用色要少而精，一般情况不要超过三种，配色过度会增加涂饰工艺的难度工序及成本；大物件产品考虑与环境的协调，一般选用灰、白、黑色系。例如：冰箱一般选用灰色系，可以很好地与家庭环境协调一致；危险品等在配色上选用色彩强烈，甚至荧光色，起到提醒、警示的作用。

5. 材料要素

产品是实实在在的物体，其组成离不开材料，设计师用材料表达产品的属性，然而材料种类繁多，新材料层出不穷，材质和功能各异，怎样选择最合适的材料与产品有机结合，恰如其分地表达产品的质感美，对设计师而言非常重要。

产品材料按大类分为高分子材料、金属材料、非金属材料和复合材料。

(1) 高分子材料中塑料广泛用于产品设计。塑料具有质量轻、易加工、能自由成型、颜色丰富等综合性能。材料按照应用范围分为两大类：其一，以产量大、价格低为主要特点的通用塑料，主要指聚乙烯、聚氯乙烯、聚丙烯和氨基塑料等，产品有储物盒、桌垫、文件夹、医用塑料等，医用塑料应达到生物安全标准；其二，工程塑料，具有坚硬牢固、弯曲性抗压性强，常用品种有ABS、聚碳酸酯（简称PC）、环氧树脂、聚氨酯（PU）等，产品设计中常用于汽车内饰、电子产品外壳、奶瓶、眼镜框架、安全头盔等。

(2) 金属材料具有较高的强度、硬度、延展性及韧性，还具备漂亮的光泽，易于成型加工。金、铜、锰、铬等因为各具颜色被称为有色金属，常用于生活器具、五金用品等的制作。

(3) 非金属材料一般来源于天然物质，如木材、玻璃、陶瓷、复合材料等。产品设计中木材常用于建筑和家具，木材有天然的纹理，易加工；玻璃的主要成分是二氧化硅，外表类似水晶，透光性好，易加工成型，产品设计中常用于白酒酒瓶、饰品摆件等；陶瓷制品是高岭土等原料通过高温烧制而成，具有极好的造型表现力，产品有日用陶瓷、建筑陶瓷等。

（4）复合材料由两种或两种以上不同材质构成，目的是克服单一材料的缺点，形成较理想的材料。如金属陶瓷是在陶瓷原料中加入金属细粉，它既有金属的强度又有陶瓷的耐高温特点。复合材料的性能指标高于单一材料，在产品设计领域中应用前景十分广阔。

总之，不同材质除了在性能上有差异外，还有自身的质感美，木材古朴大气、轻松自然，塑料细腻，金属华贵，玻璃璀璨灵动。设计师应充分了解材料的本质，大胆尝试赋予设计更多的创新能力。

6. 加工要素

设计出来的产品最后的工序是加工制作，加工工艺一般指成型加工，采用不同的工艺加工相同的材料和结构，也可以产生不同的产品外观效果。如木材经软化处理后，弯曲加工形成的弯曲线条，比拼接成的要光滑流畅、含蓄均匀，整体效果更佳。

第三节 环境设计

一、什么是环境设计

环境设计范围广泛，从城市、建筑、雕塑、室内空间、园林等到人生活的所有空间都涉猎其中。环境设计是人类对所处空间的精神世界和物质世界交替提高的文明产物，是一个复杂的系统工程。工业化发展引发了环境污染问题，环境设计便是人类的环境保护意识加强后逐渐形成的设计概念。1960 年在日本东京举行的世界设计大会上最先提出了这一理念，1972 年 6 月，联合国人类环境会议发表《人类环境宣言》宣告："保护和改善人类环境已经成为人类一个迫切任务。"宣言指出，我们必须更加审慎地考虑到我们的行动对环境产生的后果，如果在地球环境造成不可挽回的损害之前采取明智的行动，我们的子孙后代将在希望的环境中过着较好的生活。到 20 世纪 80 年代，环境设计的理念被人们普遍认同，然而至今国际上并没有对环境设计提出明确的定义或严格的涉及范围。

狭义的环境设计是对人类的生存空间进行设计。人是环境的主角，环境设计为人服务。作为人工环境主体的建筑集中就形成了城市，城市化标志着人类文明的发展，然而建筑群落缺乏规划且密集致使城市环境畸形发展，给人类带来不利一面，建筑过密、过高把人们分隔在像"鸽笼"似的空间，沟通渠道变少，人际关系淡漠，甚至教育、环境污染、犯罪等成为发达国家和发展中国家亟待解决的问题。人类只强调战胜大自然，其实更应该反省这是否是我们希望的理想的生存空间，要科学化、艺术化、合理化地对"人-建筑-环境"的关系进行设计思考，也就是进行环境设计。当代人的环境设计观念发生改变，回归自然、尊重文化、节能环保，人、动物、环境和谐共处是环境设计的新导向。

二、环境设计的类型

环境首先是指自然环境，自然环境在人类出现后被改造形成人工环境。按照人的活动范围又可以将人工环境分为室内环境与室外环境；按照使用功能可分为居住环境、娱乐环境、工作环境、观赏环境、商业环境、医疗环境等。按照空间形式进行划分，一般可分为室内设计、建筑设计、室外设计、城市规划及公共艺术设计等。

1. 城市规划设计

城市规划设计是指对建设发展的城市环境进行综合性的规划部署，以创造安全、健康、便利、舒适的城市环境为目的，来满足城市居民共同的生活、工作。城市规划设计必须按照国家的法律、法规、方针、政策进行合理化设计。传统的城市规划设计关注城区的地理风貌、人文特征，现代城市规划设计则侧重经济、社会因素对土地使用模式的影响，尤其在经济发达、人口集中、污染严重的城市中，依据城市原有基础和自然条件妥善解决交通、绿化、污染等生产和生活的相关问题。国际上对于城市规划理论的研究在20世纪60年代提出“系统理论”，70年代提出“理性规划理论”，80年代提出“实用主义理论”和“后现代主义规划理论”等。城市规划理论的丰富，说明城市规划与自然环境之外的政治、经济等因素有着密切的联系，这是规划设计师必须考虑的问题。

2. 建筑设计

建筑设计是人类最悠久、最基本的构造人工环境的手段，指对建筑物的空间结构及功能造型等方面进行的设计；建筑的类型丰富多样，由于各国、各地区的文化积淀、民族习惯、气候条件各不相同，建筑在全球范围内显示出庞杂的系统，然而建筑设计中，坚固、实用、美观是所有建筑遵守的三要素。中国古代建筑不管是形态还是意境，均因其伟大的成就在世界建筑史上占有不可替代的重要地位，外国建筑的主要代表古希腊建筑、古罗马建筑、拜占庭时期建筑、文艺复兴时期的建筑等也为世界建筑史留下了宝贵财富。建筑设计作为环境设计的要素，是本书的重要内容，在本小节主要以观赏者的角度去感受和认知。

3. 室内设计

室内环境主要是根据人们的活动规律为人们建立一个良好秩序的室内空间。“二战”后，科技发展使人们的生活大大改变，室内设计从建筑设计中脱离出来，成为一门专门的室内设计学科。建筑大师莱特说：“房屋的存在不在于它的四面墙壁和屋面，而在于其供生活的空间”。室内设计从原始的木料、砖石料到钢筋混凝土、石膏、金属等为人类提供物质保障，在生活中室内设计还可以起到安抚情绪、抚慰人心甚至陶冶性情的精神作用，这是由于室内的装饰、家具、陈设、工艺品等内容丰富，给生活的主人提供了自我作主安排的条件，因此完全可以达到自我怡情的境地。室内设计主要研究人体工程学、室内空间、室内照明、室内色彩与材料质地、家具、室内陈设、绿化等，像学校、医院、饭店、影剧院、商场等因为类型不同，设计内容与要求也有很大差异。

4. 室外设计

室外设计又称作景观设计，指对建筑物外部的空间环境进行设计。景观设计与城市规划设计是相互渗透的，景观设计有一定界限，更注重局部细节，包括园林、庭院、街道、公园、广场、绿地等设计。去公园赏花、在广场上锻炼、坐在图书馆附近的草地上读书，这些活动都是公众对优秀室外环境设计的肯定。室外设计要结合环境中的自然要素，创造出融合于自然又便于人们活动的室外环境。与室内环境稳定无干扰所不同，室外环境更复杂、多元、综合和多变，涉及自然方面与社会方面的各种有利因素与不利因素。因此在进行室外设计时，通常要更注意扬长避短和因势利导，需要进行全面而综合的分析与设计。

5. 公共艺术设计

公共艺术设计是指在开放性的公共空间中进行的艺术创造，这类空间包括街道、公园、广场、车站、公共大厅等室内外公共活动场所。公共艺术设计以公共艺术品的创作与陈设为主体。一个城市的形象标志就是它的公共艺术，也是这座城市精神的视觉呈现，如邯郸火车站前的“胡服骑射”公共艺术品，代表了勇于创新的燕赵精神。公共艺术设计是面向大众的，设计师对公共艺术品的创作要考虑受众，不能忽视公众参与的重要性，因为受众是作品成功与否的最后评判者。

第二篇　建筑概论

第四章　建筑与建筑学

第一节　建筑解析

建筑与人类的生活密不可分，它是人类最值得炫耀的成就，是人类文明的载体。要想认识建筑就要从建筑的功能、建筑的技术、建筑的形象这三个建筑的基本要素入手，从不同的角度解析它，探寻建筑广泛的外延和深刻的内涵。

一、建筑与房屋

有人说：建筑就是房屋。这话不假，因为对我们大多数人而言，房屋是我们理解建筑的第一步。我们的生活离不开房屋，房屋给我们提供了所需要的各种室内环境，如工作、学习、娱乐、休息等环境，可以说生活中大部分的活动都是在房屋中完成的。为此大多数人才有了上面所说的建筑就是房屋的理解。但对于要学习建筑的人而言，这样的理解就显得过于浅显，因为建筑有比房屋更丰富的含义。

作为一门学问来研究建筑我们会发现，房屋是建筑，但建筑物不仅仅是房屋，因为建筑包含的范围更广泛。建筑既包括有使用功能的建筑物，如住宅（图 4-1）、博物馆（图 4-2）、歌剧院（图 4-3）等，也包括不具有使用功能的构筑物，如水塔（图 4-4）、纪念碑（图 4-5）等。所以说建筑是建筑物和构筑物的总和。

图 4-1　萨伏伊别墅

图 4-2　古根海姆博物馆

图 4-3　悉尼歌剧院

图 4-4　曼海姆水塔

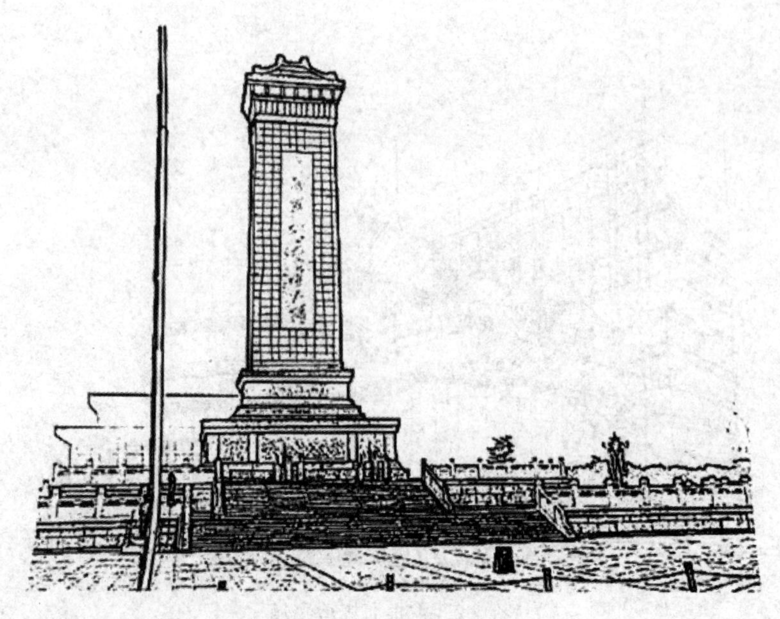

图 4-5　人民英雄纪念碑

建筑从最早满足人类的挡风雨、避寒暑、御虫兽功能开始，随着社会的发展、科技的进步、人类需求的不断提高，已经发展成为现代物质生活中人类实现各种物质功能和社会、文化价值的重要载体。乡村、城市无一不是建筑构建起的人类生活场所，人类的各种活动完全依赖于这一建筑环境，所以说建筑不仅是个体的而且是集群的，综合的、不同功能的建筑组成的建筑集合才能实现人类需要的综合功能。

二、建筑与空间

中国古代哲学家老子在他的《道德经》里对空间和实体有一段富有哲理的论述："埏埴以为器，当其无，有器之用（图 4-6）。凿户牖以为室，当其无，有室之用（图 4-7）。故，有之以为利，无之以为用。"意思是强调建筑最本质的内容并不是围成空间的那个实体的壳，而是空间本身，即给人们"利"（功能、利益）的是"无"（空间）的作用。所以说：空间是建筑的主体一点也不为过。

图 4-6　各种容器

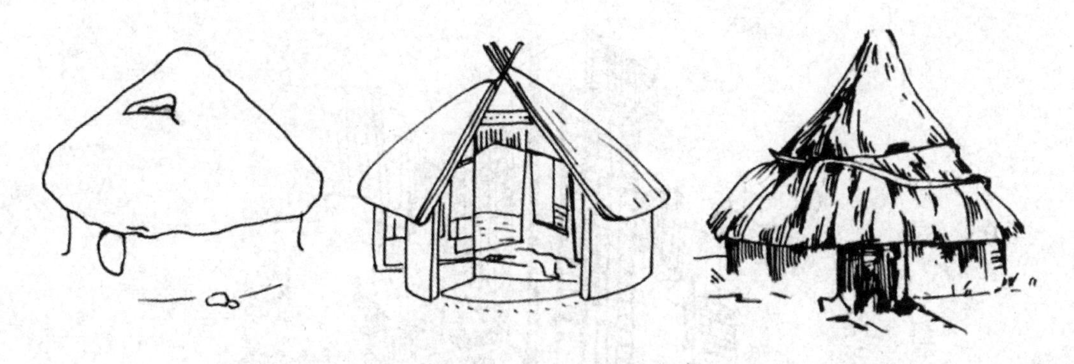

图 4-7　原始社会建筑

从空间的角度讲，建筑的空间形式要和建筑的功能相适应。即建筑的空间表达符合不同的功能需求，建筑功能才会得以有效地实现。由此可见，建筑空间的主体地位是通过实现不同的功能空间完成的，卧室需要的是怡人的小空间尺度，剧场的观众厅需要的是群体的大空间尺度，体育馆要满足比赛和观众的多重空间尺度。现代的建筑师格罗皮乌斯提出：建筑意味着把握空间。这一见解表明建筑师在从事建筑活动中应该以空间的实现为出发点和归宿，只有这样才是在真正把握建筑。

空间和围合空间的实体相比，实体是外在的、显性的且具有看得见、摸得着的形式，而空间是内在的、隐形的且界定往往模糊、不具有确定的形式。因此与实体相比，空间往往被忽视，建筑的外在形式、内部结构、建筑材料等内容却成为建筑的焦点，这样的认识在建筑界一直存在，尽管随着人们对空间认识的不断提升，空间的主体地位在不断增强，但重视实体而忽视空间的认识仍在影响人们对建筑空间的理解。

根据空间形式，建筑空间有实空间和虚空间的划分。建筑内部由外围护结构围合的界限明确的空间称为实空间（图 4-8）；建筑外部由于建筑的存在而界定的无明确界限的空间称为虚空间（图 4-9）。建筑物既具有内部的实空间又具有外在的虚空间，多个建筑物的围合往往能够形成人们活动的外在虚空间，如住宅小区中多栋住宅围合的组团绿地为居民的活动提供场所（图 4-10）。构筑物往往只能形成外在的虚空间，如纪念碑的周围往往是人们驻足瞻仰或集体纪念的场所（图 4-11）。

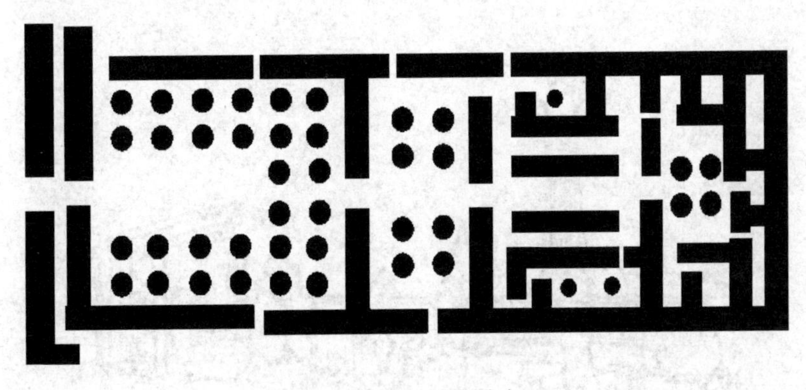

图 4-8　埃及孔斯神庙

图 4-9　写字楼外部的虚空间

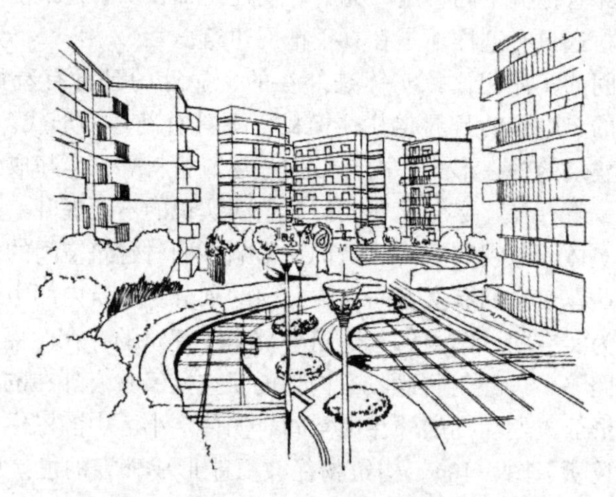

图 4-10　小区组团绿地

图 4-11　纪念碑广场

对建筑空间的学习和理解贯穿于整个学习过程，能够在这一过程中理解建筑空间的多维度价值才能算是真正理解建筑。

三、建筑与技术

早期的人类经历了从洞居到穴居、巢居、半穴居的过程（图 4-12），影响这一过程的直接原因就是技术，也就是说当人类掌握了一种新的与建筑相关的技术之后，建筑就会向舒适性、方便性、艺术性等迈进一步。在石器时代，人类的技术水平很长一段时间停留在较低的水平，建筑的发展就很有限，无论从建筑的形式到建筑的建设量都很少。到了蒸汽机时代，技术的革命带动了建筑技术、材料技术、施工技术的发展，建筑的内容和形式也发生了根本性的变革，大跨建筑、高层建筑、钢结构等形式应运而生，在1851 年的伦敦世博会上，帕克斯顿设计的“水晶宫”轰动一时，其原因就是这座由玻璃和钢结构组成的建筑形式在当时的条件下第一次出现在世人面前（图 4-13）。到了今天的信息和网络时代，技术革命日新月异，新材料、新工艺、新形式层出不穷，建筑的革新和进步达到前所未有的速度，20 多层的住宅可以在短短的一年内建成入住，这在几十年前是不可想象的。通过这些变化我们不难发现，建筑的发展史就是技术的发展史，建筑的进步都与技术的发展密不可分。

图 4-12　原始社会建筑发展历程

图 4-13　英国伦敦“水晶宫”

建筑技术在整个人类技术中占有重要的地位和作用。从人类建造房屋开始，人们就在不断地探索建筑技术以求对建筑形式、空间、结构等内容不断突破和革新。古代由于技术水平有限不能获得较大室内空间，所以人们不便在室内活动。为了解决这一问题，人们不断探索新的技术扩大空间，在这种需求下拱形结构（图 4-14）、穹顶结构（图 4-15）相继出现，并且取代了梁柱式结构，从而有效地扩大了室内空间，使人们得以聚集，方便宗教祭祀等活动的进行。

图 4-14　筒形拱和十字拱

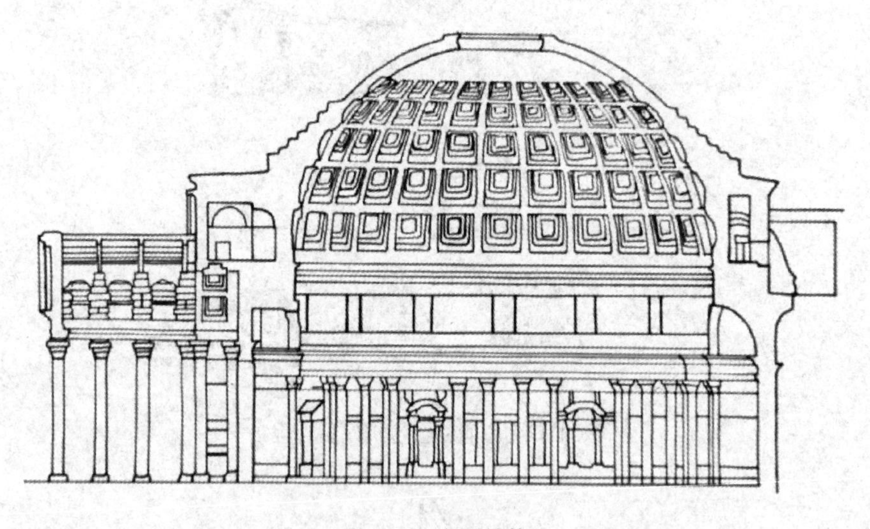

图 4-15　穹顶结构

建筑材料是建筑技术中的重要组成部分。混凝土是当代建筑中最为常用的材料，很多建筑师因使用混凝土而出名，如粗野主义建筑直接将混凝土最为粗糙一面视人，获得了意想不到的效果进而自成一派，其中的代表作品就有柯布西耶设计的昌迪加尔法院（图 4-16）、马赛公寓（图 4-17）。日本当代建筑大师安藤忠雄是一位擅长使用混凝土的建筑大师，代表作品如直岛当代美术馆（图 4-18）、水之教堂（图 4-19）。建筑技术远不止建筑材料，它深入建筑表达、建筑施工、建筑装饰等方方面面，因此建筑技术是建筑师的一门必修课程。

图 4-16　昌迪加尔法院

图 4-17　马赛公寓

图 4-18　直岛当代美术馆

图 4-19　水之教堂

四、建筑与文化

建筑从人类进入文明时代开始就和人类的文化紧密联系。随着建筑的发展，建筑负载人类文化，表达时代文明的作用在某种程度上不断固化和增强，所以说建筑是一种社会、文化现象。文化因素对建筑的影响是多重的，既包括空间维度的地域性和民族性，也包括时间维度的历史性和时代性。任何事物的发展都不是受一个因素的影响，往往是多个因素影响的结果，不同时期往往是一个因素起主导作用，其他因素起辅助作用。对建筑而言也是如此，影响建筑的有功能的因素、技术的因素、文化的因素、艺术的因素等，而文化因素的价值具有更为深层次的意义。无论是我国的建筑体系还是西方的建筑体系，其划分都是以文化作为最基本的前提条件，我国以木构架为特征的建筑体系是中国农业文明的产物（图 4-20、图 4-21），西方的石建筑体系则与游牧文明密不可分（图 4-22）。在这一框架体系下，建筑的功能要满足文化赋予人们的精神需求，建筑的技术要追求文化特质的形式，建筑的艺术性要体现文化的表达特征。

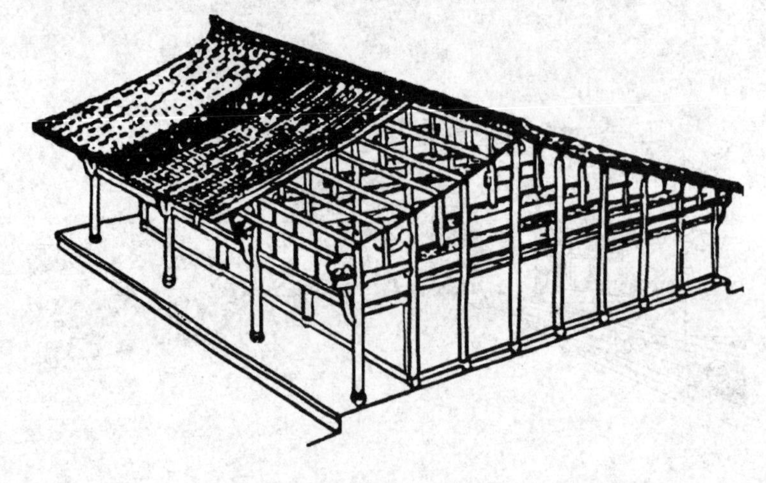

图 4-20　穿斗式木构架示意图

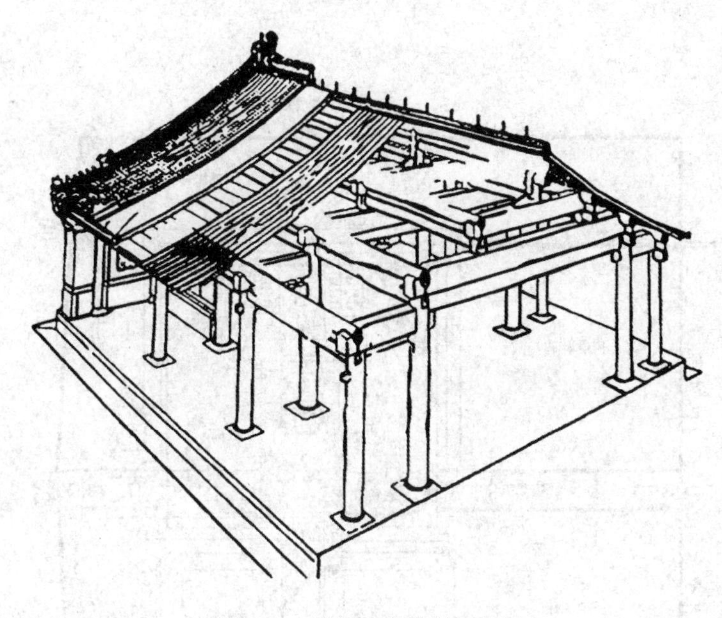

图 4-21　抬梁式木构架示意图

图 4-22　帕提农神庙

文化的需求本质上是精神方面的需求，是意识形态领域里对建筑功能的升华。在历史上很多建筑布局使用对称形式，这种布局形式很难用功能解释。比如明代与清代故宫（明南京皇城宫城、清北京故宫）就采用严密的对称布局，沿中轴线两侧对称排列建筑，东边放一殿，西边放一殿；东边设一门，西边设一门，将庄严肃穆的氛围烘托至极，这就是文化的需要，它已经远远超过了建筑功能的范畴，如图 4-23 所示是明南京皇城宫城平面图。不同的地域、不同的民族、不同的时代、不同的观念、不同的宗教信仰等都从特定的角度决定着建筑从外到内、从形式到本质、从关系到寓意的表达。所以说要理解建筑脱离了文化是万万不能的，要成为建筑师没有文化知识的储备是万万不行的。

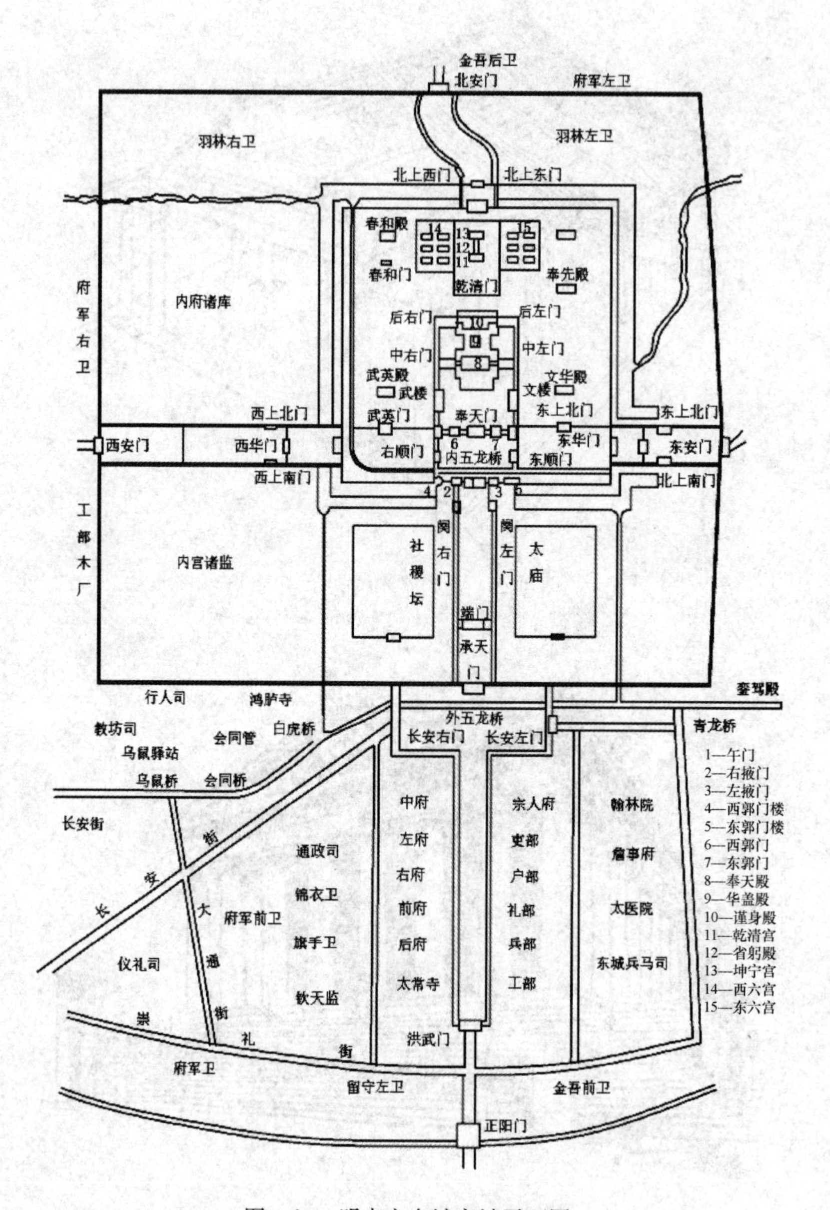

图 4-23　明南京皇城宫城平面图

五、建筑与艺术

18 世纪曾有一位德国哲学家（1775—1854 年）说：建筑是凝固的音乐。后来德国音乐家豪普德曼又提出：音乐是流动的建筑。这些都是从艺术角度出发去理解建筑，确实建筑的艺术性贯穿于建筑的整个发展过程中，和其他如音乐、绘画、雕塑等纯艺术不同，建筑首先需要满足最基本的物质功能需求，其次是艺术、文化等方面的需求，而纯艺术则首先和其次都是要满足艺术、文化等方面的需求。所以说建筑和艺术是交叉的，建筑有艺术的属性，也有其他的功能、技术等属性；而艺术在包括建筑的同时，还包括诗歌、戏剧、电影等多门类的艺术。

建筑的艺术属性是在建筑的发展过程中形成的，而且随着人类生产力水平的提高，人们对建筑艺术的追求也在不断提高，在一定时期建筑的艺术成就往往超过其功能需求成为建筑塑造的主体。如古希腊建筑的代表作雅典卫城，其建筑的雕塑艺术可以说达到了前无古人，后无来者的境界，如图 4-24 所示是雅典卫城中的伊瑞克提翁神庙，如图 4-25所示是雅典卫城的雕塑艺术；哥特建筑中的精品巴黎圣母院，从整体的构图到建筑的细部，无一不是经过精心的艺术推敲而成（图 4-26、图 4-27）。我国天坛的祈年殿，三层重檐蓝顶、红柱、三层白台阶从上到下充满艺术的真谛（图 4-28）。今天我们对古建筑的认识多是从艺术的角度，因为建筑的艺术价值会随着时间的流逝而更具表现力和欣赏性。

图 4-24　雅典卫城中的伊瑞克提翁神庙

图 4-25　雅典卫城的雕塑艺术

图 4-26　巴黎圣母院

图 4-27　巴黎圣母院内陷式尖拱券雕塑

图 4-28　天坛祈年殿

在现代工业文明产生以前是没有建筑师这一称谓的。在西方都是画家、雕塑大师等艺术家在做建筑，如文艺复兴时期的雕塑大师米开朗琪罗设计的圣彼得大教堂中央穹顶（图4-29、图4-30）、画家拉斐尔在梵蒂冈塞纳图拉大厅中的《雅典学院》壁画（图4-31）等，他们在建筑上都有很深的造诣，所以他们把建筑作为艺术品来做是理所当然的事。我国古代的建筑是由梓人来完成的，梓人也就是木匠，木匠通过师傅带徒弟的形式把木建筑的艺术传承和固化下来，亭台楼阁、殿宇寺院无不精雕细琢，匠心独运，如图4-32所示是立双式青色龙头斗拱。无论是西方还是东方，对建筑艺术的追求都把成为代表性建筑（西方的教堂、东方的宫殿和庙宇）作为建造目标，我们从今天的建筑遗存就可以清楚地看到这一点。

图4-29　米开朗琪罗设计的圣彼得大教堂中央穹顶

图4-30　圣彼得大教堂中米开朗琪罗作品《哀悼基督》

图 4-31　梵蒂冈塞纳图拉大厅中拉斐尔作品《雅典学院》壁画

图 4-32　立双式青色龙头斗拱

现代工业文明推动了建筑的现代进程，功能的价值得到了进一步的彰显，甚至有人说：装饰就是罪恶。建筑的艺术性似乎在工业文明面前是多余的。但事实证明，建筑的艺术性是不可或缺的或者说是至关重要的，但过分地强调艺术性或过分地强调功能性都是不正确的，只有处理好二者的关系，建筑才能得到真正的发展。

六、建筑的概念

1. 建筑的外延性概念

凭借撰写通俗历史著称的美国作家亨德里克·房龙在他的著作《宽容》中提出了一个他自称为“解答许多历史问题的灵巧钥匙”的“线圈”图解。他将绳子绕成圈，圈内每条线段均代表不同的制约历史因素。各要素的作用程度相同时，线圈被围成圆形。而当其中一些要素变强，绳圈会变为椭圆形，而其他要素的力则会有所缩减。线圈图解本质是受多因子影响的“合力说”。这说明历史问题是许多制约要素与推理综合作用的结果。在多因子作用下会产生不同的结果，但所有结果均受多个因子综合影响。利用这种“合力说”的观点我们不难发现，建筑在不同的历史时期和特定的环境条件下，其影响因素也是多重的，如上面提到的功能、空间、技术、艺术、文化、艺术、环境等因素是建筑的主导因素。那么我们要想真正理解建筑的概念必须从这样几个因素入手，有针对性地理解建筑才能真正理解其广泛的外延，见表 4-1。

表 4-1　建筑的外延性概念

序号	论断	观点
1	房屋论	“遮风雨、御寒暑”“建筑是建筑物和构筑物的总和”
2	空间论	“有之以为利，无之以为用”
3	技术论	“建筑（或房屋）是居住的机器”（柯布西耶的名言）
4	文化论	“建筑是一种社会、文化现象”
5	艺术论	“建筑是抽象的雕塑”“建筑是凝固的音乐”
6	环境论	“建筑-环境-人”形成统一整体
7	广义建筑论	吴良镛先生在国际建筑协会第 20 届大会做主旨报告，题目为“世纪之交的凝思：建筑学的未来”，在总结 20 世纪建筑和理论辉煌成就的同时，阐述了 20 世纪的建设发展危机，提出建筑学的发展正处在路口，要在环境意识方面觉醒、地区意识方面觉醒和对方法论的深刻领悟，进而提出广义建筑学，即倡导广义的、综合的观念和整体的思维，在广阔天地里寻找新的专业结合

建筑的外延性概念蕴含在建筑的多重因素之中，从不同的因素出发都能够对建筑有一个相对准确的认识，但从总的建筑角度出发又都不全面。而建筑的概念确确实实是由这些外延性所构成的，所以我们要理解建筑就要从不同的外延角度出发，既要综合地又要有针对性地理解。对建筑的理解也是一个渐进上升的过程，和学习建筑者的相关知识不断提高是密不可分的。

2. 建筑的内涵性概念

不论什么建筑都要表现为一定的形式，而建筑的形式包括空间与实体两方面。其中有 3 方面因素与建筑形式密切相关：①使用者对建筑功能的需求；②使用者对建筑美学和精神层面的需求；③建筑构成所需的技术条件。

前两点是使用者对建筑使用与参观和居住的需求，也是建筑空间的构成因素。第 3 点是构筑建筑的方式。以上 3 点在建筑形式上不断作用，形成对立统一关系，进而在建筑中体现相关属性，并使建筑业不断进步发展。

在通常情况下，建筑形式应满足人们日常生活等功能需求，所以建筑具有实用方面的特性；除功能外，人们还对建筑提出审美方面的要求，建筑的形式同时也要满足这方面的要求，由此就赋予了建筑以美或艺术的属性；另外，为了经济有效地达到上述要求，人们总是力图运用先进的科学技术成就来建造建筑，这就赋予了建筑以科学的属性，例如美国加州洛杉矶沃特迪斯尼音乐厅的巨大凹凸不锈钢板，如同太阳灶一般向周边反射阳光，后通过电脑分析、计算，将部分巨大的不锈钢曲面喷砂打毛，以减少其反射率；由此可见，正是上述的两个要求和一个手段，才使建筑派生出三重属性——实用性、艺术性、科学性。

建筑的内涵性概念就根植于建筑多重属性的矛盾运动过程中，认识了这一过程也就理解了建筑的内涵，理解了建筑。但建筑是实实在在的客观存在，要先做好建筑，或者说成为一名优秀的建筑师，理解建筑的内涵是一个必要条件而不是充要条件，那原因何在？就在于建筑的复杂性、综合性、矛盾性，为此我们要系统学习建筑的理论和实践才有可能成为合格的建筑师。

第二节　建筑学

一、什么是建筑学

由于建筑的复杂性、综合性和矛盾性，又由于人们对建筑的客观需要，在建筑实践的过程中人类不断积累总结所学知识与经验，再加以创新，逐渐形成建筑学。所以无论是由不同材料制成的建筑物还是记载文字与技术流传下来的与建筑学相关的著作，都可以体现当时的建筑技术、艺术等方面的成就和发展，如图 4-33 是《营造法式》大木作制造图样之一，图 4-34 所示是《建筑十书》所阐释的人体黄金比例。建筑学以研究建筑设计为主要内容，是内容广泛的综合性科学。建筑学是研究建筑物及其环境的学科，它涉及工程技术、建筑艺术、建筑经济、建筑功能以及环境规划等诸多方面的问题；具体研究的内容包括建筑平面与建筑空间布局、建筑内外的造型艺术以及建筑构造等问题。建筑学的学习以学习如何设计建筑为主，但要完成这一任务就要学习相关的艺术、审美等相关知识、基本技能和相关理论，所涉及的知识面广；学习的范围也广，小到简单的卧室布置，大到城市规划设计。

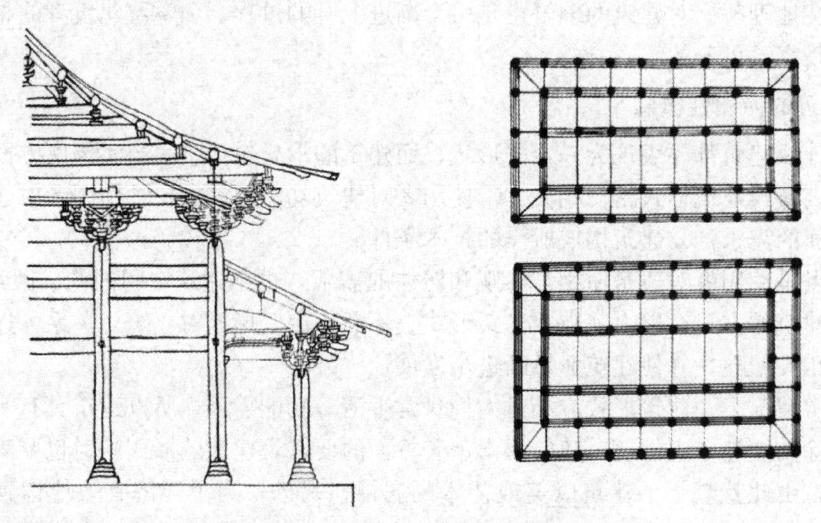

图 4-33　《营造法式》大木作制造图样之一

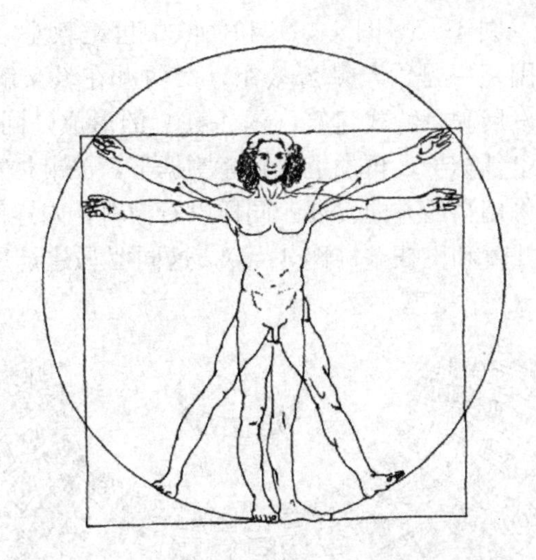

图 4-34　《建筑十书》所阐释的人体黄金比例

建筑学是研究建筑物及其环境的学科，它旨在总结人类建筑活动的经验，以指导建筑设计创作，构造某种体型环境等。建筑学是一门横跨工程技术和人文艺术的学科。建筑学服务的对象不仅是自然的人，而且也是社会的人；不仅要满足人们物质上的要求，而且要满足他们精神上的要求。因此社会生产力和生产关系的变化，政治、文化、宗教、生活习惯等的变化，都密切影响着建筑技术和艺术，图 4-35 是比萨主教座堂拉丁十字式平面。

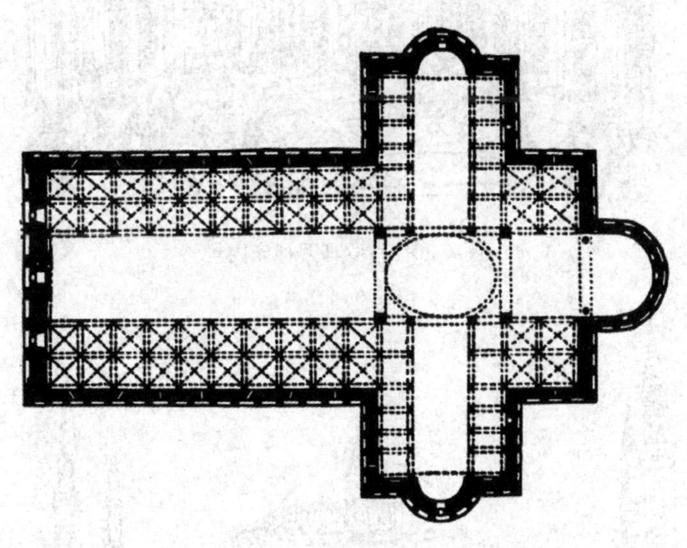

图 4-35　比萨主教座堂拉丁十字式平面

（注：由于宗教仪式日趋复杂，就在祭坛前增建一套横向空间，供圣品人使用，形成拉丁十字式平面。天主教会把拉丁十字式当作最正统的教堂形制。）

古希腊建筑以端庄、典雅、匀称、秀美见长，既反映了城邦制小国寡民，也反映了当时兴旺的经济以及灿烂的文化艺术和哲学思想；罗马建筑的宏伟壮丽，反映了国力雄厚、财富充足以及统治集团巨大的组织能力、雄心勃勃的气魄和奢华的生活，如万神庙

(图 4-36)；拜占庭教堂（图 4-37～图 4-40）和西欧中世纪教堂（图 4-41～图 4-44）在建筑形制上的不同，原因之一是由于基督教东、西两派在教义解释和宗教仪式上有差异；西欧中世纪建筑的发展和哥特式建筑（图 4-45）的形成是同封建生产关系有关的。封建社会的劳动力比奴隶社会贵，再加上在封建割据下，关卡林立、捐税繁多，石料价格提高，促使建筑向节俭用料的方向发展。同样以石为料，同样使用拱券技术，哥特式建筑用小块石料砌成的扶壁和飞扶壁（图 4-46），这同罗马建筑用大块石料建成的厚墙粗柱在形式上大相径庭（图 4-47）。

图 4-36　古罗马万神庙内景

图 4-37　拜占庭教堂：圣索菲亚大教堂

图 4-38　圣索菲亚大教堂内景

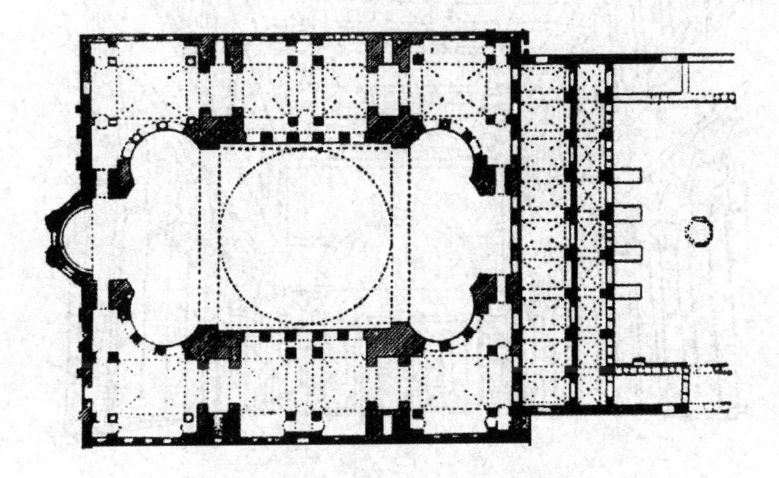

图 4-39　圣索菲亚大教堂平面

图 4-40　圣索菲亚大教堂剖面

图 4-41　西欧中世纪教堂：圣保罗教堂

图 4-42　圣保罗教堂内景

图 4-43　圣保罗教堂平面

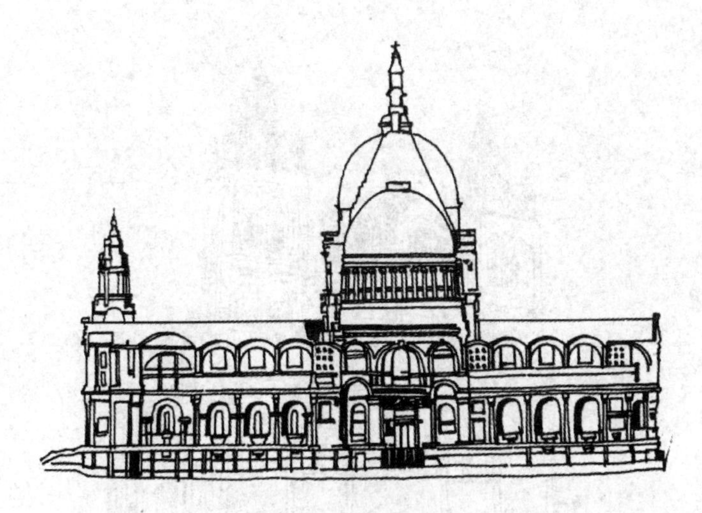

图 4-44　圣保罗教堂剖面

图 4-45　哥特式教堂：米兰大教堂

图 4-46　米兰大教堂飞扶壁

图 4-47　罗马式教堂：法国昂古莱姆教堂

建筑学是一门包含技术与艺术的学科，两者与建筑学相辅相成。在建筑学从古至今的发展历程中，技艺是推动发展的重要因素之一。艺术在某些条件下可以加快技术的发展。建筑师在进行建筑设计的过程要考虑工程技术的可行性与经济性。例如埃及金字塔的建造运用了测量知识、几何知识以及运输巨石的技术手段（图 4-48）。处在某个时代的人们总会利用当时的可用资源和技术去丰富建筑文化。随着科学技术的进步，施工机械、建筑材料、结构技术以及人工照明、空气调节、防水和防火技术的发展，使得建筑也更加多元化发展，除向高空发展外，还向地下、海洋方向建造，更打开了建筑在艺术方向上的大门。

图 4-48　吉萨金字塔群

艺术的创作与社会环境相关，在不同时期有不同的艺术风格，建筑学作为与艺术紧密相关的学科，也深受其影响。这说明建筑学的发展不能与社会条件脱节，在发展过程中需要不断解决所遇到的社会科学问题。建筑物又能在一定程度上融合不同时代人们的美学意向和社会艺术思潮，这是区别于其他工程技术学科的一点。

二、建筑学研究的对象及内容

建筑单体、建筑群体、室内家具设计、风景园林和城乡规划都是传统建筑学下的科目。如今随着建筑学科的不断分化，园林学与城市规划已经成为较为独立的学科。

到了当代，建筑学的研究对象主要是指建筑物。事实上，在专业术语上所称的“建筑学”不是特指对建筑物本体的研究，其实更侧重于使用者对建筑物的要求，研究建筑满足使用者需求的途径，实现建筑从草图到建造完成的过程中与之相对应的建筑策划、建筑设计、建筑施工等内容。

建筑学研究的具体内容。从广义上说，其研究的范畴可以包括整个区域规划、城市设计、生态环境、居住小区、工业场所、村镇布局、风景园林等方面。至今，园林、规划已从建筑学中分化出来。从狭义上说，建筑学研究领域包括多种建筑类型的建筑技术、建筑理论、建筑历史、建筑设计、建筑艺术等。建筑学涉及理、工、文、艺诸多领域，要求相关人员知识面广泛，并且有较强的形象思维能力和图纸表达能力。学习建筑学的内容，要求学习者善于感性创作，熟练使用工具，动手能力要强；同时要有扎实的美学、艺术、历史文化知识。

法国文豪维克多·雨果在《巴黎圣母院》写道“从世界的开始到15世纪，建筑学一直是人类的巨著，是人类各种力量的发展或才能的发展的主要表现”，这表明人类文明的发展历程可以在有关建筑学与建筑的发展过程中体现。建筑学的未来也会凭借人类的智慧通过人类自身不断的努力为建筑学的发展谱写新篇章。

第五章　建筑的物质功能性

第一节　建筑源自功能

原始人类需要一个可以抵御风吹雨打，避开寒冷和高温，并防止其他自然现象危害或野兽攻击的场所，这就是建筑的起源。随着人类征服自然能力的不断增强，对建筑功能的需求也在不断提高，各种为学习、娱乐、体育等的图书馆、影剧院、体育场等建筑的功能需求不断强化。

一、建筑的缘起

尽管世界建筑功能各异、形式多样，但越往上溯源，我们会发现建筑是因功能的需要而出现的。在《在建筑》（Essaisurl' architecture）中，法国建筑理论家马克·安东·劳吉亚（Marc-Antoine Laugier，1713—1769年）提到：建筑学并不是一种象征艺术，人性应作为建筑活动的基础……像在其他艺术中一样，建筑学原则的基础也是简朴自然的过程。让我们关注原始状态中的人吧，对他们而言，除了天性外没有任何规范。

那么就让时光回溯到史前，从第一个原始小木屋的诞生了解建筑的意义。

劳吉亚向我们描绘了第一个原始小木屋产生的场景：在暂时躲避了猛兽的威胁后一个原始先民需要休憩，尽管他抱怨，但他以容忍的态度在草地上张开了四肢。但是过了一会儿，烈日迫使他寻求一个凉爽的地方，所以他来到森林，感到十分凉快。但是好景不长，一场倾盆大雨淋湿了他，他又颤抖着到处寻找干燥的庇护所。在山洞里，他才感到安全，但山洞里黑暗和陈腐的空气使他窒息，于是他离开了山洞。掉在森林里的一些树枝恰好有用，他挑选了四个最坚固的树枝，将它们垂直竖立，并在顶部再放置四个树枝，并将它们对角地分成两排。它们碰巧彼此相对，在最高处接在一起。然后，他用叶子密密实实铺在上面，这样阳光和雨水就漏不进来了。他就这样住到了房子里。不久，他又将立柱间的缝隙填起来，感觉更温暖、更安全了。

从劳吉亚的描绘中我们不难发现，这个“简朴自然的过程”确实出于人的本性，这一“本性”是什么？就是人类为满足基本生存需要与自然的抗争，在自然环境下寻找栖身之所，而自然并不能给人类提供需要的居住环境，拥有智慧的人类无奈之下自己去建造，而建筑的使用功能恰恰契合了人类的这种“栖身”需要，建筑就这样产生了！尽管它很简陋，但它是一个伟大的开始，未来的宫殿、高楼林立的城市都从这里开始。

在此，劳吉亚为我们了解世界建筑的历史提供了一种新的视角，即较少受特定时空偏见束缚，而是直接从人的自然本性（原始功能需要）去把握建筑。借助自然而来的那些建筑元素，例如柱子、梁、屋顶，被中国、埃及、巴比伦、印度和希腊的人们选中使用，并从最简单的功能需要开始演绎他们的建筑之梦。尽管随着不同功能需要的分化，各地域环境的影响以及民族、宗教等的差异，光怪陆离的当代建筑令人难以捉摸，但作为原点的——功能小木屋具有着开建筑之先河的无可比拟的价值。

二、建筑功能的含义

人们总是按照特定的用途和要求建造房屋，这称为功能。自古以来，建筑的风格和类型就具有差异。经过不断研究，发现造成这种情况的原因很多，但其中一个不可否认的事实是：功能在建筑中起到的作用不可忽视。

建筑的功能一开始主要是指建筑的使用功能，与其他的物品或商品不同，建筑的使用功能具有场所性和空间性。也就是说，首先建筑要营造一个适宜人们进行具体活动（如居住、工作、娱乐等）的场所；其次，根据不同的场所要求，建筑要形成不同的空间来实现具体的场所功能；再次，从一开始为了遮风避雨而建造建筑起，人类就对建筑的精神功能寄予了厚望，而且随着技术的进步，建筑的精神功能得以不断的强化，所以我们要理解建筑的功能性就需要从物质和精神两个方面入手。

随着自身物质、精神的丰富与科学技术的进步，人们对建筑的需求越来越高。建筑除了满足最基本的功能需求，例如提供居住空间，还面临着不断增加的功能要求，不仅希望建筑环境具有舒适、健康、明亮和宜人的色彩外，还要求建筑物具有安全、耐用、防御、方便、舒适、节能和美观的性能。

在我们的生活中，建筑与我们的关系最密切不过，我们的大部分时间是在建筑中度过的，实际上这就是我们在利用建筑的使用功能。由于我们的需要，各种不同使用功能的建筑应运而生，如按照建筑的使用功能可以分为工业建筑物和民用建筑物，在民用建筑中，可分为住宅建筑和公共建筑，在公共建筑里根据需要又具体分为办公类、文体类、科教类等各式各样的建筑。

社会发展衍生出的新要求均会在建筑包含的功能（或指新功能）中体现，但是这个要求不是静态和不变的，而是一个一直在变化和发展的。功能的要求和建筑形式需要磨合至达到相对统一。那么功能的发展和变化意味着什么？这意味着原有的建筑形式会随着新要求的提出被打破，两者从稳定至对立，必然将导致对旧形式的否定，实现建筑的发展。

第二节　人对建筑的功能性需求

建筑的存在价值首先就是功能，也就是满足人们对建筑的使用要求。随着社会的发展，人们赋予了建筑更多的精神意义，这就要求建筑在满足基本使用功能的同时在建筑形式上有所变化或者要与众不同，以满足人对建筑的精神性需求。所以，要理解建筑的功能就要从物质性需求和精神性需求两个方面入手。

一、人对建筑功能的物质性需求

按照使用要求，建筑可以有居住、办公、体育、宗教、展览、阅读等很多类型。但各种类型的建筑都要满足下述的物质功能需求（图 5-1）。

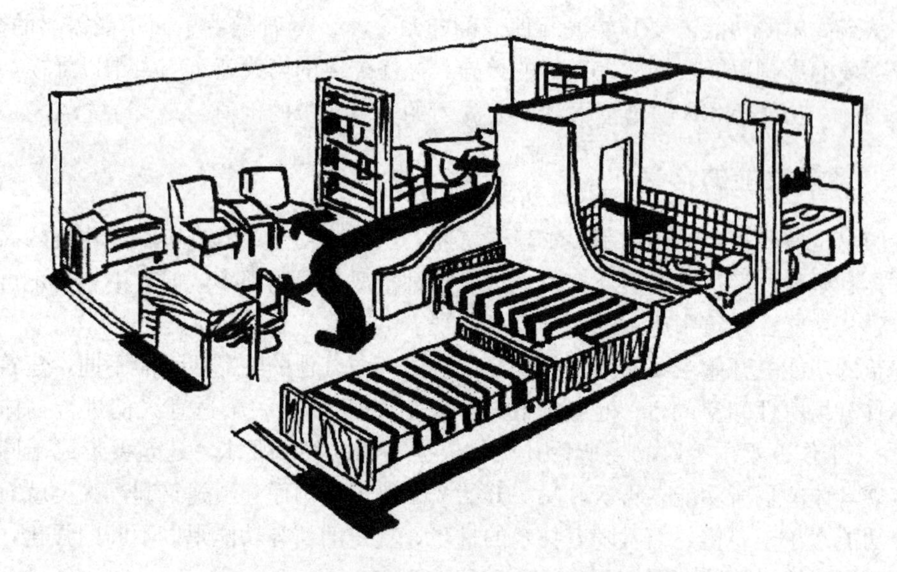

图 5-1　建筑空间要满足功能需求

首先是人体活动尺度和家具尺度的要求。人在建筑空间内进行多种活动，所以建筑空间设计与人类活动尺度的关系非常密切。为了能使人类可以在建筑内舒适方便地进行活动，就要了解人体活动的一些基本尺度（图 5-2）。例如，一个小凳子高 220mm 比较合适，若高为 300mm 就会觉得不太舒服；但 300mm 这个高度对于躺椅或沙发来说却比较合适；一般坐凳高约 450mm 较好。站立的人重心的位置约为 1m，这关系到栏杆的设置；坐着的人眼高约为 1.2m，这关系到窗台的高度。总之，无论室内外空间的形状和大小，无论门窗的位置和尺寸，无论家具及其他部位的布置和大小，都要从人体尺度出发（图 5-3）。家具尺度尽管与人体尺度密切相关，但其自身也有独特性。不同的功能空间，大部分都是由于家具尺度的不同而形成的（图 5-4）。如小学的教室与高中的教室不同，主要是由于小学的课桌和椅子比较小而高中的比较大，也就形成了不同的尺度空间。

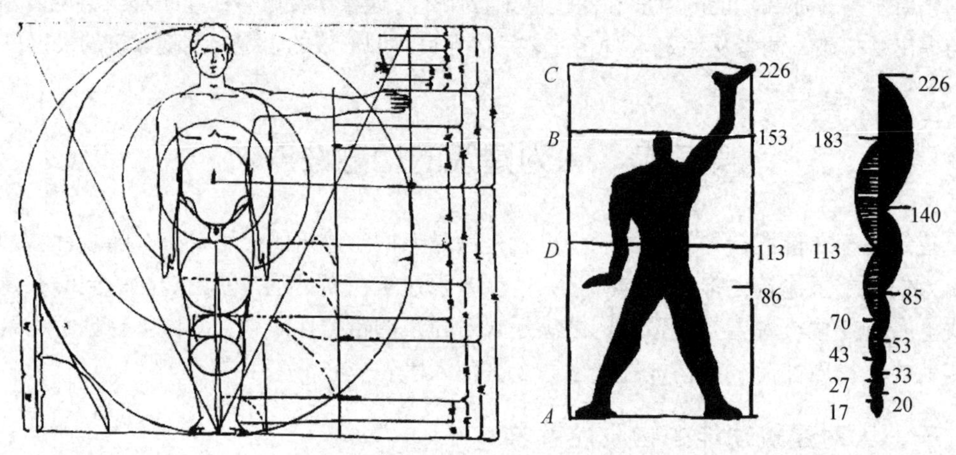

图 5-2　柯布西耶提出的“模度”体系

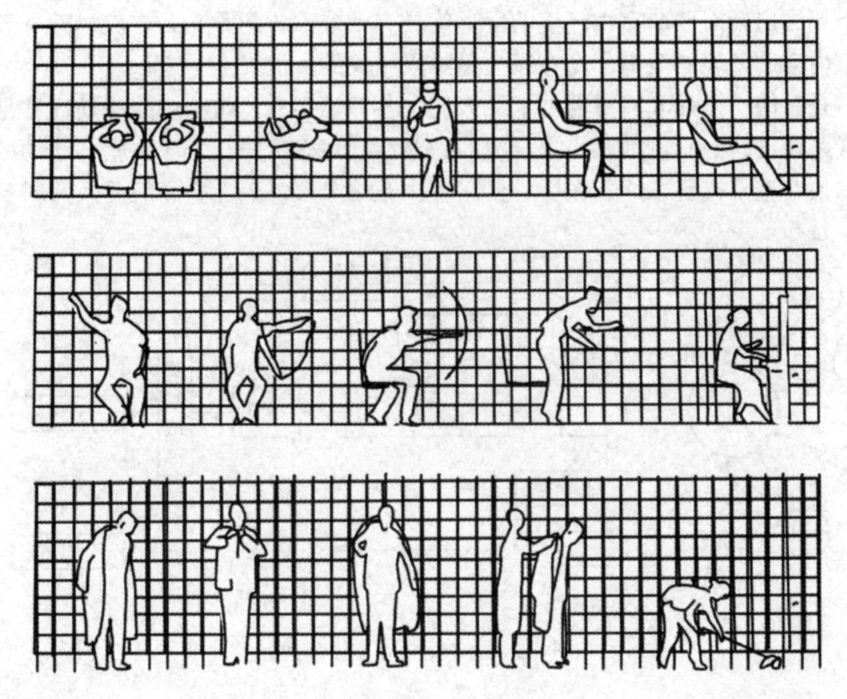

图 5-3　人体自身尺度

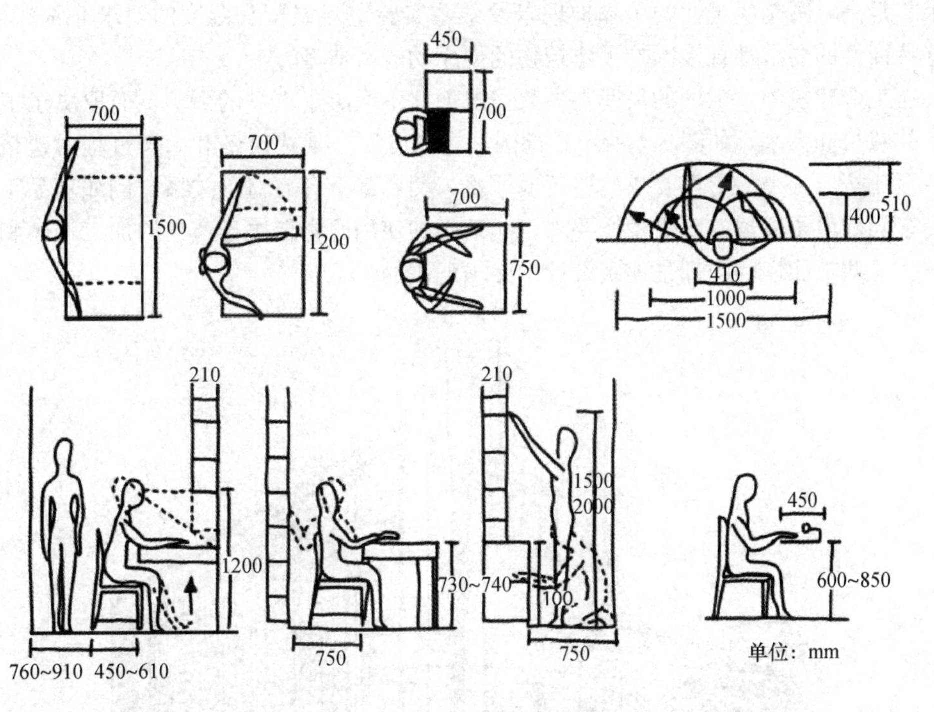

图 5-4　人体工程学与家具尺度

其次是人的生理要求。主要是对建筑物理条件方面的要求，例如朝向、采光、通风、保温、防潮、照明、隔声、隔热等方面，这些是满足人类基本生活与生产的必要条件。现代科技的产生，使得物质条件不断完善，可以使人在建筑内产生良好的生理体验。如空调的出现对调节室内环境的舒适度具有十分重要的意义，在炎热的夏天人们可以享受室内空调环境的清凉，这在以往是难以想象的。

最后是对使用过程和特点的要求。人们在各种类型的建筑物中的活动通常是按照一定顺序或路线进行的。例如，一个合适的铁路客运站必然要充分考虑旅客活动的顺序和特点，以便合理安排售票厅、大厅、候车室、车站出入口等之空间的关系（图 5-5）。

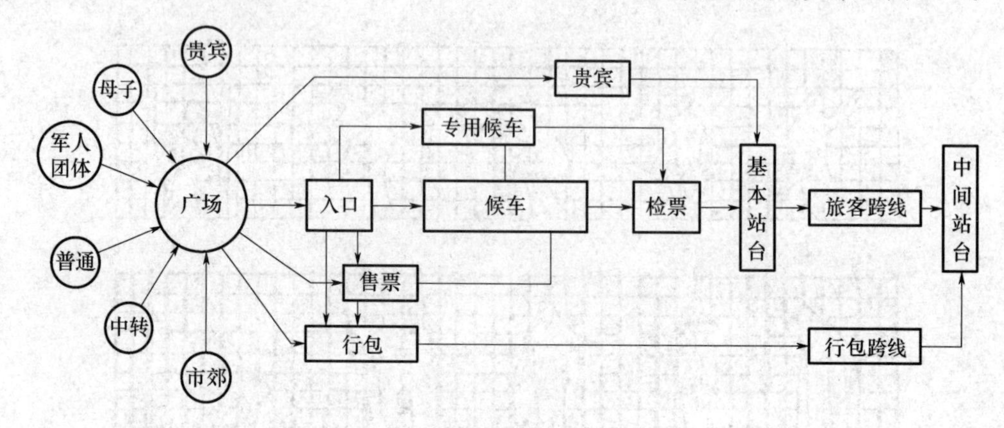

图 5-5　火车站旅客流线分析

各种建筑物在使用中具有一定的特征性要求，例如剧院建筑物对观众视觉和听觉的要求非常高，医院建筑物的手术护理以及某些实验室对温度和湿度的要求非常严格等，这些特征性的要求都直接影响了建筑物的使用功能及造型。

在工业建筑中，工厂的尺度在多数情况下并不取决于人类的活动，而取决于工厂内设备的数量和大小，如图 5-6 所示是德国法古斯工厂。某些设备和生产过程对建筑的要求甚至比按照人类的生理要求建造还要严格，两者甚至存有对立关系，例如食品工厂的制冷车间和电子仪器的清洁生产要求。建筑物的使用通常取决于产品的加工顺序和工艺过程。这些功能性问题都是建筑设计中必须解决的。

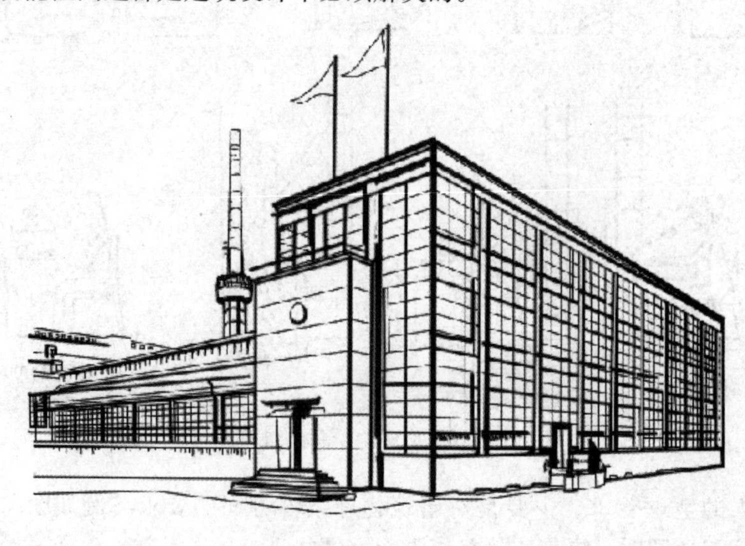

图 5-6　德国法古斯工厂

二、人对建筑功能的精神性需求

建筑是一个实用对象。它有两个基本要求：物质性需求（除建筑外，还有家具、器皿等）和精神性需求（社会伦理、习俗和宗教等）。精神性需求是高层次的需求，与物质性需求相比具有更为突出的形象性和审美性，在一定程度上也表现为对建筑艺术性的追求，但建筑艺术性是对精神性需求的升华，我们这里仅是对精神性需求的外延进行表述，至于对建筑艺术的追求在建筑的艺术性章节予以展开。

1. 形象性

建筑又是一个艺术对象。建筑以其形象并且与周围自然环境的和谐带给人们一种美的享受。

2. 审美性

通过建筑形象这一艺术手段引起人们审美心理上的愉悦。

第三节　建筑功能与形式

建筑在用于满足个人或家庭的生活需求的同时，也应满足整个社会的各种需求。随着社会对建筑物提出各种功能要求，出现了许多不同类型的建筑物。由于各种类型建筑物的功能要求存在巨大差异，因此在建筑形式上的体现也有所不同。

那么，建筑的形式与功能之间联系具体体现在何处？所谓建筑形式主要是指其内部空间和外部形态，无论内部空间还是外部形态都寄托着精神性需求和物质性需求，但在具体的表达过程中拥有着不同的魅力。

一、建筑功能与空间

建筑空间作为建筑形式中的要素与建筑功能之间存有直接联系。在这一点上，人们对它的理解似乎越来越清晰和深入。近年来，国内外许多建筑师都引用了老子的话："埏埴以为器当其无，有器之用，凿户牖以为室，当其无，有室之用，故有之以为利，无之以为用"，这说明人们需要利用的是建筑的空间。从这个角度来看，有人进一步用容器来描述建筑，将建筑比作承载人的"容器"。内容决定形式在建筑中体现在有与功能相匹配的空间形式上，但是建筑空间形式也不能单单只由功能决定。首先建筑物的空间形式必须要满足功能要求，其次要满足人们的审美要求，还要进一步分析工程结构、技术、材料等，这些条件也会一定程度上影响建筑空间的形式。所以我们不能单纯认为空间形式只由功能决定。

但不置可否的是建筑空间形式一定要符合功能要求。这其实是功能在一定程度上限制了空间形式的变化，简单地说这是功能对空间的规定性。这种规则以单个空间（例如房间或大厅）的形式中的表现最为明显，将它比拟为容器：容纳物品是容器的功能，并且不同属性的物品需要不同形式的容器，物品于容器的空间形式的规定性可以总结为 3 个方面：

（1）量的规定性：即具有足以容纳物品的合适尺寸和容量；

（2）形的规定性：即具有合适的形状，可以满足置物的要求；

（3）质的规定性：即空间内有防止物品损坏或变质的合适条件（例如温度，湿度等）。

如果将一个空间（一个房间或大厅）也视为一个容器，即使它“承载”的不是一些实体，而是人类或其活动，建筑空间也必须要满足上述三个方面的规定性。

二、建筑功能与外部体型

由空间、轮廓、体型、凹凸、色彩、虚实、材质、装饰等一系列要素组合而成的复合体，便是建筑学中常常提到的“建筑形式”。在构成“建筑形式”的要素中，例如空间、体型等要素与功能之间的联系较为紧密直接；而有些构成要素与功能之间联系较为微弱，甚至可以说没有联系。所以我们不能不假思索地说：建筑形式完全取决于功能，这是错误的。虽然“形式追随功能”这句格言在某些方面有其合理性，但一味地追随功能决定一切形式，则过大提高了功能的作用。

建筑的外部体型是建筑表达的重要组成部分，如由四个曲面在顶部形成了“光之十字”的旧金山圣玛丽主教堂（图 5-7）。仅有合理功能没有优秀外部形体的建筑是不成功的。建筑是一个有机的整体，内部功能总要通过外在的体型得到表达。但根据实际的例子我们不难发现这种表达一般是两种，一种是外部体型与建筑功能相统一的表达，如澳大利亚墨尔本海滨住宅（图 5-8），另一种是外部体型与建筑功能不统一的表达，如米拉公寓（图 5-9）。如住宅建筑由于其功能（主要有居住、起居、服务三部分）比较简单，稍有生活经验的人通过住宅建筑的开窗和阳台的位置就能判断其为卧室还是起居厅或者是厨房，这就是外部体型与建筑功能相统一的范例。再有一些办公楼、旅店、剧院等建筑也基本属于这种类型。当前外部体型与建筑功能不统一的形式也比比皆是，而且随着建筑的发展为了体现建筑的个性，建筑师往往在外部体型上寻求标新立异，寻求与众不同，最典型的例子就是解构主义建筑，解构主义建筑的特色就是要解构建筑的构图，外部体型寻求的就是出乎意料，绝无仅有。如银峰 SOHO（图 5-10），盖里设计的毕尔巴鄂古根海姆美术馆（图 5-11）、库哈斯设计的中央电视台新址大楼（图 5-12）等，通过它们的外部体型根本分辨不出它们是何种功能，或者说根本不像建筑，但它们作为建筑确实达到了前所未有的效果，毕尔巴鄂古根海姆美术馆成了当地的标志性建筑，成为人们到该城旅游必看的一座建筑。

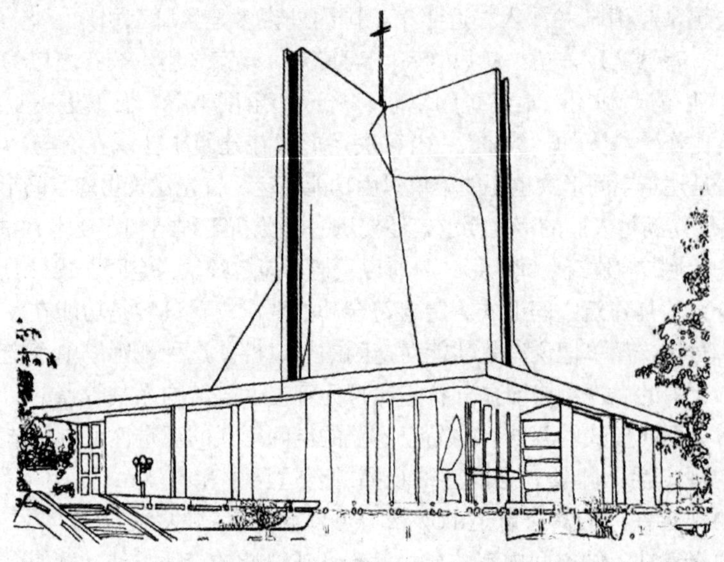

图 5-7　四个曲面在顶部形成了“光之十字”的旧金山圣玛丽主教堂

图 5-8　澳大利亚墨尔本海滨住宅

图 5-9　米拉公寓

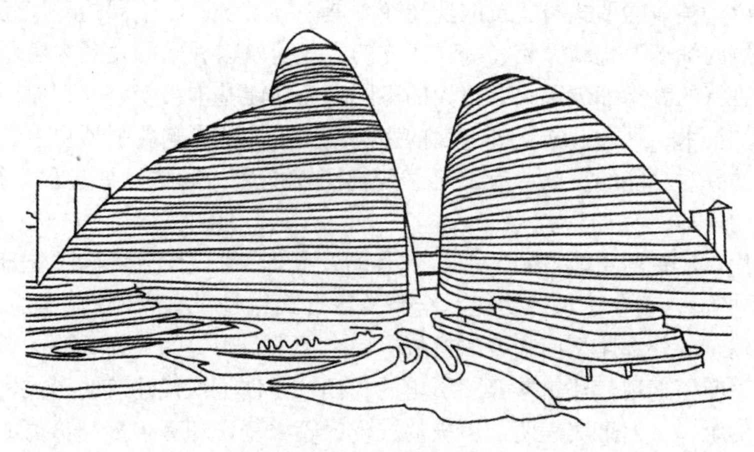

图 5-10　银峰 SOHO

图 5-11　毕尔巴鄂古根海姆美术馆

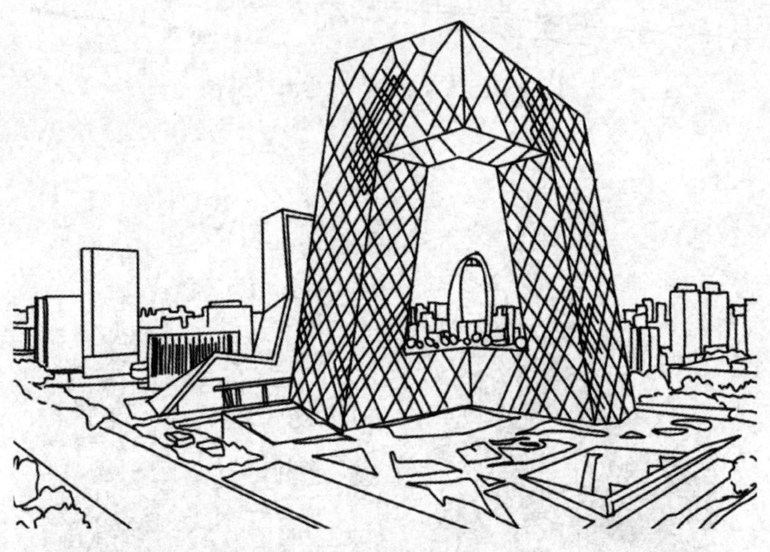

图 5-12　中央电视台新址大楼

建筑的外部体型表达建筑既有整体的形式（统一的外部形态），也有细部的形式（体型、轮廓、虚实、凹凸、色彩、质地、装饰），细部的形式的综合构成了整体的形式。一般来说，整体的形式与建筑的功能在发展中寻求统一。不同的时代建筑功能基本一致，而建筑的细部形式却大相径庭。西方的古代建筑以教堂的发展为主题，古典主义的教堂相对哥特的教堂细部形式有很大的不同，而功能基本没变，究其原因就是人们对形式的追求受技术、社会、文化等方面的影响远比功能的影响要强烈得多。所以建筑的细部形式有的是对功能的反映，有的已经脱离了功能成为时代发展过程中技术、社会、文化等方面的表达。

到了现代，建筑的功能得到了前所未有的发展，一些新的建筑类型出现（如工厂、银行、客运站等），这些建筑的功能是全新的，形式也是没有先例的，所以在满足功能的条件下，建筑的外部体型面临着的挑战，一个是学习历史的式样，另一个是开创新的形式。经过不断探索现代建筑摒弃了历史的式样，开创了现代建筑的形式，建筑的功能与外部形体的统一。但事实表明，历史的式样尽管繁复，却有很多有价值的内容；现代建筑的外部形体虽简洁、统一，但缺少人情味，建筑完全是功能在驾驭。所以后现代建筑在现代建筑中横空出世，它继承了现代建筑的简洁、统一，而在外部形体上更多地体现了功能基础上的人情味和地方特色，如后现代主义建筑设计之父——罗伯特·文丘里设计的母亲之家（图 5-13）。

图 5-13　后现代主义建筑设计之父——罗伯特·文丘里设计的母亲之家

建筑发展的事实表明，建筑功能和外部形体之间是一个相互影响的矛盾发展过程。建筑功能的需求在得到技术满足的条件下，建筑的外部体型得到发展，或者说拥有了新的形式。从技术更新的角度，如钢结构桁架的出现，既使功能得到了满足，外部形体也得到了新的形态（图 5-14）。在现代技术条件下，以外部形体为出发的建筑已不胜枚举。如由法国建筑师安德鲁设计的国家大剧院，一个大跨度的近似半圆形的结构，为了这种纯净的形体，设计者不惜割裂功能与形式之间的关系，获取外部形体的纯净（图 5-15）。

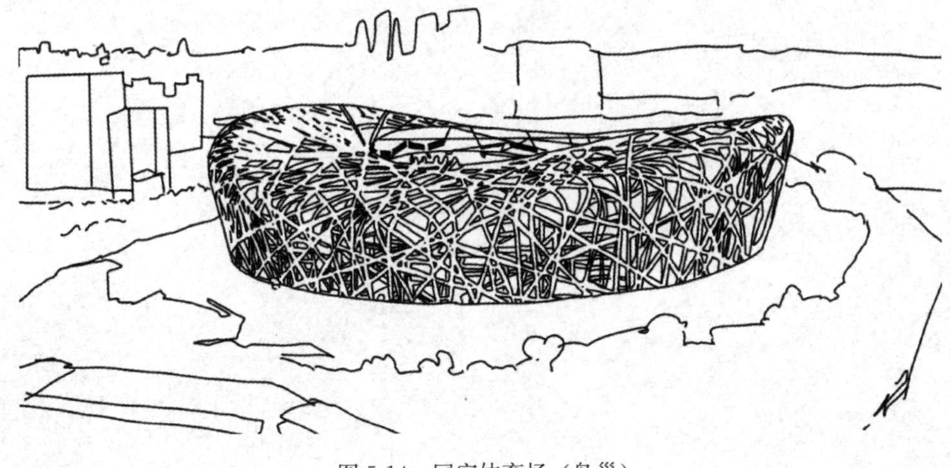

图 5-14　国家体育场（鸟巢）

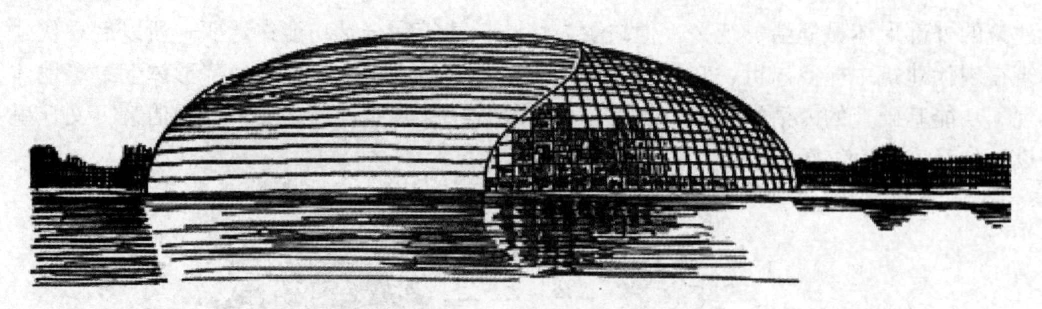

图 5-15　国家大剧院

第六章　建筑的物质技术性

人类社会从原始阶段发展至工业时代，在材料、结构、技术以及设备方面的创新与进步，势必为建筑发展提供了最直接、最有效的支持和保障。也正是因为新材料、新结构、新技术的出现，才使高层、超高层、大跨度等复杂建筑得以实现。

第一节　建筑发展与工程技术的关系

一、工程技术贯穿建筑发展的全过程

原始社会的建筑简单，一方面是由于人们对它的需求简单，另一方面是受到工程技术条件的制约。当时的建筑技术只能达到提供一个庇护所满足简单行为需求的水平，在20世纪70年代发掘出距今6000年的新石器时代遗址——浙江余姚的河姆渡，考古发现有许多木屋构件，证实当时已有榫卯结构了。这是一个了不起的技术进步，可以说是罕见的人类早期的建筑技术成就。但总的来说，技术的不足，导致原始社会时期建筑只能使用如木头、石头、竹子等的天然材料搭建建筑。

二、建筑的发展需要工程技术的支持

建筑对功能、形式的追求必须要依靠相应的工程技术条件支持。人们对于建筑形式和内部空间的想象能否实现，取决于当时工程技术水平的极限，若技术无法支持建造，那么对建筑的构想将变为空想。例如古希腊的戏剧活动只能在露天剧场进行，图6-1是埃皮道罗斯剧场。古希腊人虽有对建筑剧场的需求，但由于当时技术不能实现搭建容纳千人的空间结构，所以只能露天进行表演。因此建筑形式与功能间存在的矛盾，在某一层面也可以解释为工程技术与功能上的矛盾，尤其是与结构的冲突。

图6-1　埃皮道罗斯剧场

由于工程技术条件的限制，要使在建筑上取得突破往往先要有工程技术的进步。万神庙是古罗马建筑的代表，其最大的特点就是 43.2m 跨度的穹顶创造了现代建筑结构出现之前最大的空间建筑，这一纪录的创造和古罗马人掌握了简单的火山灰混凝土技术密不可分（图 6-2、图 6-3）。古罗马所在的亚平宁半岛多火山，有大量的火山灰，火山灰和其他材料混合搅拌就成为最早的混凝土。古罗马以后这种混凝土技术失传了，所以就很难有其他的建筑能够超过这一跨度极限。

图 6-2　火山灰混凝土建造的万神庙

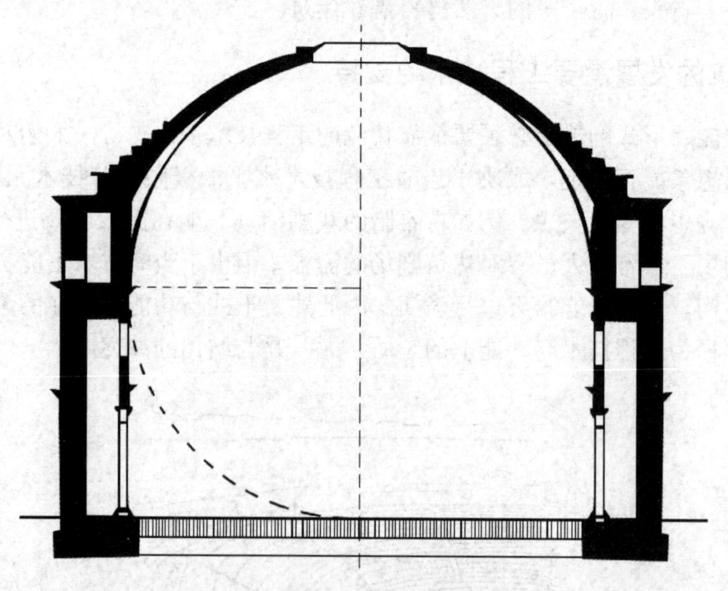

图 6-3　万神庙 43.2m 跨度的穹顶

建筑建成的首要目的是满足功能，功能的发展与社会的发展较为同步并且有自发性，所以最为活跃。工程结构的进步也是为人们对功能要求的不断变化所推动，纵观古今中外建筑发展的历史，也强有力地说明了这一点。比如在古代，当时的技术、结构、材料都无法满足人们在室内获得大空间的需求，使得人们在室内活动不便。为了克服空间与技术之间的矛盾，人们全力摸索扩大空间的方式，后续创造出新的结构形式，例如拱形结构、穹隆结构，来代替原有梁柱式的结构体系，使上千人可以在建筑室内进行大型宗教祭祀活动（图 6-4、图 6-5）。

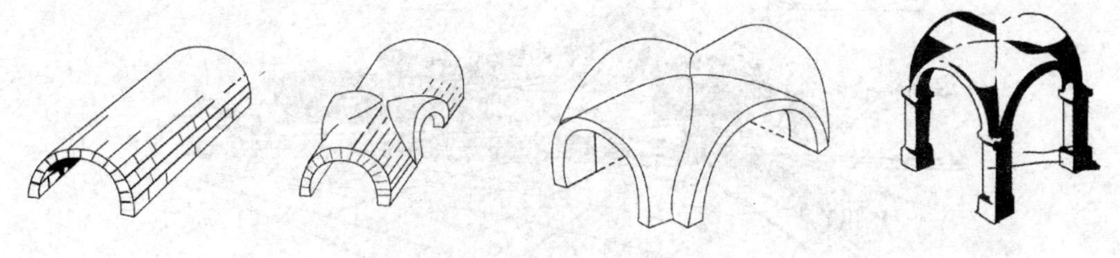

图 6-4　由筒拱向十字拱的演变

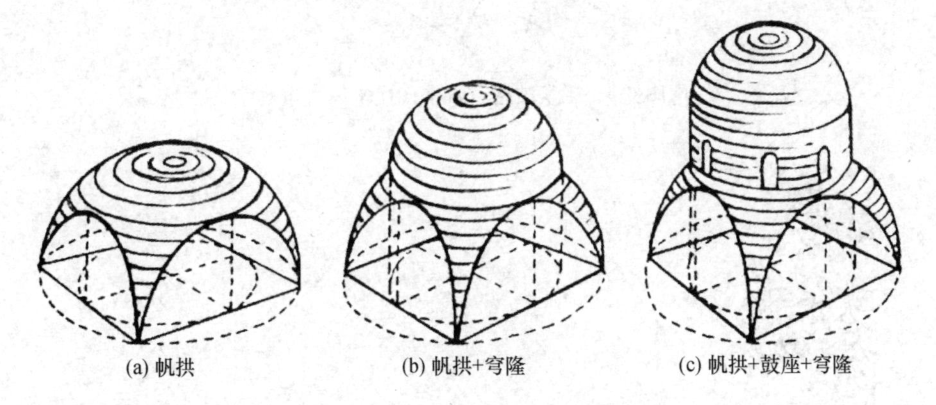

图 6-5　穹隆与帆拱的结合发展

三、建筑功能的需求推动工程技术的进步

功能的需求对工程结构所产生的积极效果也可在近代建筑的发展过程中得到体现。近代建筑对功能的要求更为复杂，近代功能的发展不仅要求更高，而且更广泛。正是在各种要求的促进推动下，出现了超越穹顶或拱形结构，空间跨度更大的壳体结构（图 6-6）、悬索（图 6-7）和网架（图 6-8）等新型空间薄壁结构体系。

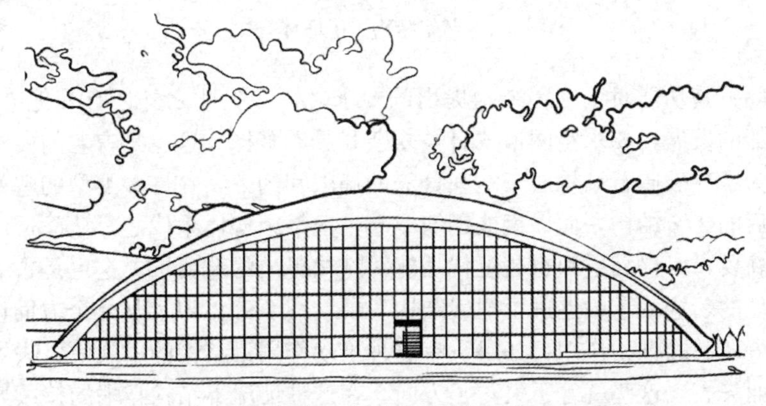

图 6-6　壳体结构：美国马萨诸塞州 Kresge 礼堂

图 6-7　悬索结构：日本代代木体育馆

图 6-8　网架结构：上海体育馆

扩大空间只是功能对于工程结构提出的要求之一，除此之外还有其他方面的要求。例如近代功能的发展，要求空间形式日益复杂和灵活多样，这也是古老的砖石结构所不能适应的。为了冲破砖石结构对于空间分隔的局限和约束，在许多类型的建筑中就必须抛弃古老落后的砖石结构，而以钢或钢筋混凝土框架结构体系代之，从而适应自由灵活分隔空间的新要求。提高层数也是近代功能对结构提出的新要求。这也是古老的砖石结构所难以胜任的，这一矛盾促进了框架结构发展（图 6-9）。以上从几个方面说明了功能对于结构发展所起的推动作用，如果没有这种推动作用，结构的发展便失去了明确的目的和要求，而失去了这些就等于失去了方向，在这种情况下结构技术的持续发展便是不可思议的。

图 6-9　框架结构：帕米欧疗养院

第二节　建筑技术的内容

一、建筑结构

无论层数高低，功能是否复杂，建筑的结构构件一般均由基础、柱子、楼板、墙体等组合而成。由它们形成的建筑框架，可以围合成内部的空间供人活动，同时其本身也承担着全部荷载，抵抗由自然产生的变化与灾害，力图抵御风雪、不均匀沉降、温度变化、地震等。这种在建筑物中，由各种构件（屋架、梁、板、柱等）组成的能够承受各种作用的体系称为建筑结构。结构的坚固程度直接关系到建筑的安全和使用年限（表 6-1）。

表 6-1　设计使用年限分类

类别	设计使用年限	示例
1	5	临时性建筑
2	25	易于替换的结构构件
3	50	普通房屋和构筑物
4	100	纪念性建筑和特别重要的建筑结构

作为建筑物的基本构成之一，结构是支撑建筑物生命周期的基础，在某一层面上，建筑受结构的控制支配。因为建筑从无到有的建造过程需要消耗大量的人、物、材，首先要达到坚固安全的标准，需要选择合适的结构材料与结构形式，在满足抵御外力作用的同时，实现美观的造型要求，带来经济效益。早期的建筑主要采用梁、板、柱和拱券这两种结构形式，这是因为受到当时材料的限制，而建筑的造型、色彩、空间等都要围绕建筑结构限定的范围展开。随着科学技术的进步，人们有了对结构的受力情况进行精确计算和分析的能力，相继出现了桁架、钢架、网架、壳体和悬索等空间结构，不仅结构更加合理，也带来了建筑的新形式。

当前应用的建筑结构按照所用材料不同，可分为砌体结构（图 6-10）、混凝土结构（图 6-11）、钢结构（图 6-12）、木结构（图 6-13）四类。

图 6-10　砌体结构

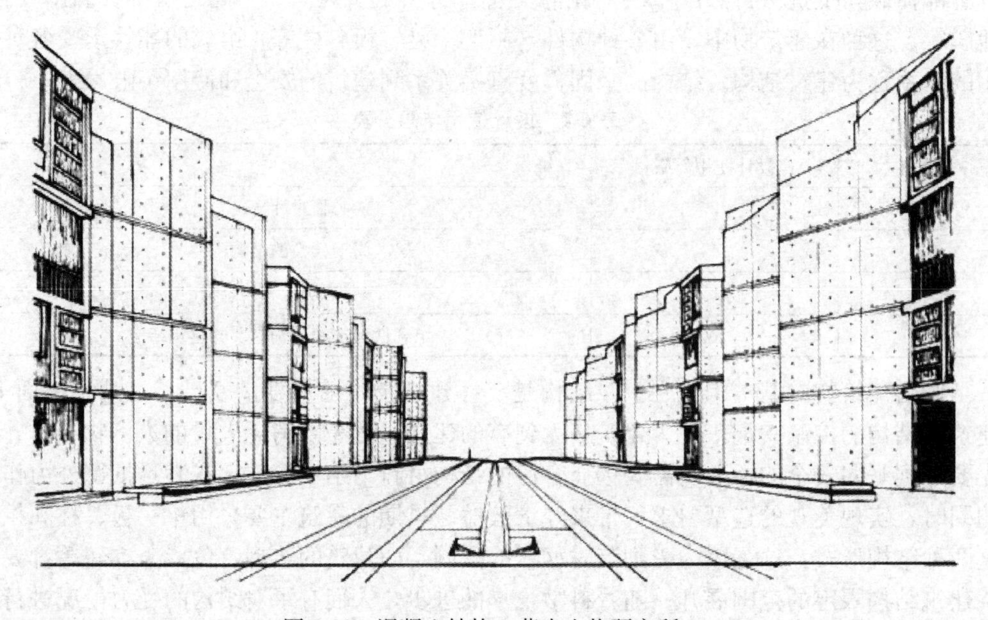

图 6-11　混凝土结构：萨克生物研究所

图 6-12　钢结构：埃菲尔铁塔

图 6-13　木结构：蓟县独乐寺

无论哪种建筑结构形式都应满足“技术先进、经济合理、安全适用、确保质量”的结构要求，这样才能确保建筑结构的健康发展，为人们提供便捷、舒适的建筑空间。同时，随着建筑材料、施工技术与结构分析方法不断创新发展，建筑结构也将有新的突破。

二、建筑材料

建筑材料是指建筑中使用的各种材料和制品，其是建筑工程项目的物质基础。在建筑材料上投入的费用通常占建筑总造价的50%左右，有的甚至高达70%。

建筑结构的变化过程与建筑材料的发展相关，砖的出现促进了拱券结构的发展，钢和水泥使高层框架结构和大跨度结构进步，塑料使得充气结构出现。建筑材料在建筑装饰和建筑构造方面也有所贡献，例如玻璃的出现让光线更好地引入室内，而油毡的出现在一定程度上解决了建筑漏水问题，空心砌块的出现又代替了砖，实现了更好的保温性能。

可以说建筑材料多种多样，性质各异。按照材料的化学成分可分为有机材料、无机材料和复合材料三大类，这三类里还有具体的划分（表 6-2）。

表 6-2　按化学成分划分的建筑材料

<table>
<tr><th></th><th>化学成分划分名称</th><th>具体化学名称</th><th colspan="2">材料名称</th></tr>
<tr><td rowspan="12">建筑材料</td><td rowspan="6">无机材料</td><td rowspan="2">金属材料</td><td>黑色金属</td><td>钢、铁、不锈钢等</td></tr>
<tr><td>有色金属</td><td>铝、铜等及其合金</td></tr>
<tr><td rowspan="4">非金属材料</td><td>天然石材</td><td>花岗石、大理石、石灰石等</td></tr>
<tr><td>烧土制品</td><td>瓦、砖、陶瓷、玻璃等</td></tr>
<tr><td>无机胶凝材料</td><td>石膏、石灰、水泥、水玻璃等</td></tr>
<tr><td colspan="2">砂浆、混凝土及硅酸盐制品</td></tr>
<tr><td rowspan="3">有机材料</td><td>植物材料</td><td colspan="2">木材、竹材等</td></tr>
<tr><td>沥青材料</td><td colspan="2">石油沥青、煤油沥青、沥青制品</td></tr>
<tr><td>高分子材料</td><td colspan="2">塑料、涂料、胶粘剂、合成橡胶等</td></tr>
<tr><td rowspan="3">复合材料</td><td>金属与无机
非金属复合</td><td colspan="2">如钢纤维增强混凝土等</td></tr>
<tr><td>有机与无机
非金属复合</td><td colspan="2">如聚合物混凝土、沥青混凝土、玻璃钢等</td></tr>
<tr><td>金属与有机复合</td><td colspan="2">轻质金属夹芯板</td></tr>
</table>

三、建筑物理

人类生存环境的重要构成之一为物理环境。在建筑空间范围内，人类总会受到物理刺激，例如声、光、热，类似于听觉、热绝等刺激。这些刺激量达到一定的限值时才能被人们感觉和引起反应。在建筑环境中，人们要维持正常的生理、心理功能以及能够有效地从事各种活动，就要求建筑的物理环境要在限制范围内。所以通过直接或间接介入要将建筑物理环境调控到合适的范围，例如环境温度、湿度、速度、采光及日照等。

建筑物理根据建筑使用的需要，主要研究建筑的热环境、光环境和声环境三个方面的问题。建筑热环境重点关注人类居住时遇到的热舒适度问题，探寻能高效优化建筑热环境的方法。光环境是研究建筑涉及的光学基本知识，包括考虑光学特征、采光性能、采光设计、采光方法、照明设计及计算等。声环境研究主要包括塑造良好声音环境和消除减少噪声两个方面，简而言之即为留住需要的声音，减少不需要的干扰声音。所以优质的声环境是建筑环境中人们功能需求的一部分。

建筑物理具体涉及的范围包括微观的单体建筑和宏观的群体建筑乃至城市。近年来，由于经济的高速发展，带来了矿石能源的大量使用、城市人口的激增、城市的物理环境急剧恶化等问题。人类自身的消耗和浪费已经带来了大量的负面环境影响，全球气候变暖、酸雨、空气污染等，这些严重危害着建筑的物理环境，危害着人们的健康和安全。

尽管建筑物理的研究不是从社会学、经济学的角度研究环境，但建筑物理从使用的、舒适的、节能的角度分析环境，为城市大环境和建筑小环境提供技术支持，使城市和建筑朝着经济、社会、环境三统一的可持续方向发展。

第三节　当代建筑技术的发展趋势

建筑技术是建筑创新和发展的根本动力。每一次建筑技术的进步都会引发建筑发展的连锁反应，形成适应人类需要、突出时代特征的建筑空间、结构、形式等内容。在信息时代的今天，科技革命已经成为发展的最强音，建筑的技术革命也在蓬勃发展，为建筑发展创造着前所未有的条件。建筑节能、绿色生态建筑、建筑智能化等内容都是建筑技术研究和探索的趋势。

一、建筑节能

1. 建筑节能的概念

建筑节能的概念是合理地在建筑材料生产、建筑施工、建筑使用过程中高效地利用能源，在达到同等效力作用下尽量减少能源的消耗，在满足人类舒适需求的同时节约能源的目标。在能源消耗中，建筑能耗占总能耗的25%～40%，建筑节能已成为全世界建筑界共同关注的课题。

在经历了1973年的石油危机后，建筑节能在发达国家形成了三个阶段：第一阶段是在建筑中节约能源；第二阶段是在建筑中保持能源以减少不必要的能源流失；第三阶段是提高建筑中的能源利用率。如今，我国建筑节能对应的阶段应为第三阶段，结合建筑节能与室内的热环境舒适度，拒绝过度的节省，而是不断地加强在建筑能源上的利用效率。

2. 建筑节能的必要性与紧迫性

能源危机形势严峻体现在三种传统能源，石油、天然气、煤炭的能源消费占总能源消费的90%以上，《世界能源统计年鉴2004》的数据表明：世界上的石油总储量还可供开采41年，全球天然气储量仅供开采63年。日本权威能源研究机构也申明，全球煤炭埋藏量可开采 231 年；核反应原料铀已探明储量可供七十多年使用。在面临世界能源供给结构变化的大环境下，不能满足建筑节能条件的建筑，会逐渐因能源稀缺而被废弃。

我国人均能源储量低，能源成为我国经济命脉所在。虽然我国的能源总储量较高，但人均能源可采储量却远不及世界平均水平。2000 年，我国人均传统能源可采储量天然气、石油、煤炭分别是世界平均可采储量的 4.3%、11.1%、55.4%。而且能源利用率低，由于能源的紧张，出现了地方性的电荒、煤荒，能源供给会对人民的生活和生产造成直接的影响，威胁到国家稳定和安全。

我国建筑耗能总量大，建筑节能状况落后。我国的建筑用能效率比发达国家低 10 个百分点。到 2002 年年末，我国已建建筑中 95%以上属于高能耗建筑。当前，在我国，每年建成的房屋面积超过所有的发达国家每年建成的房屋面积之和，建筑节能十分紧迫。

改善空间环境的一个重要方式即为建筑节能。我国现有的能源消费结构主要为煤炭，在建筑内的采暖中煤的使用占到 75%以上，煤炭的大量燃烧带来大气污染，导致生态环境被破坏。一些大城市由于人口集中带来的能耗高度集中，城市热岛效应越来越明显。与此同时，为满足合适的热环境，建筑室内空调设备的频繁使用使得能源消耗快速增加。这种恶性循环影响了人居生存环境。

建筑中实现高效的节能需要投入资金，但投资可以在短期内得到回报，为使我国国民经济持续、稳定、协调发展，保护生态环境，建筑节能势在必行。

为了从设计阶段控制建筑能耗，我国已制定了《公共建筑节能设计标准 》(GB 50189—2015)、《民用地筑节能设计标准》(GJ 26—1995) 等节能标准，这些规范的颁布与实施可以帮助优化环境、节约能源，并且可以提升社会效益与经济效益。

二、发展绿色建筑

1. 绿色建筑

编制《绿色建筑技术导则》时，我国原建设部将外国经验与我国的国情相结合，将中国的绿色建筑定义为：绿色建筑是指在建筑的全寿命周期内，最大限度地节约资源（节能、节地、节水、节材），保护环境和减少污染，为人们提供健康、舒适和高效的使用空间，与自然和谐共生的建筑物。在中国“四节一保”是绿色建筑的核心。通过绿色建筑概念的理解，我们不难发现，绿色建筑就是要创建与社会、经济、环境协调共生，可持续发展的建筑。那么在我国当前的条件下该如何适时、适地地发展绿色建筑?

绿色建筑首先考虑的是健康、舒适和安全，良好的室内外空间环境是不可缺少的部分，室内物理环境包括人体通过感觉器官感知到的室内热环境、光环境、声环境、空气质量和房间日照状态等，外部环境是创造室内物理环境的基础，如新加坡的 Parkroyal on Pickering 酒店（图 6-14)。在满足对室内外环境要求的前提下，强调节能性好、资源耗费量低。节能并不是以牺牲人们的舒适度和工作效率为代价。

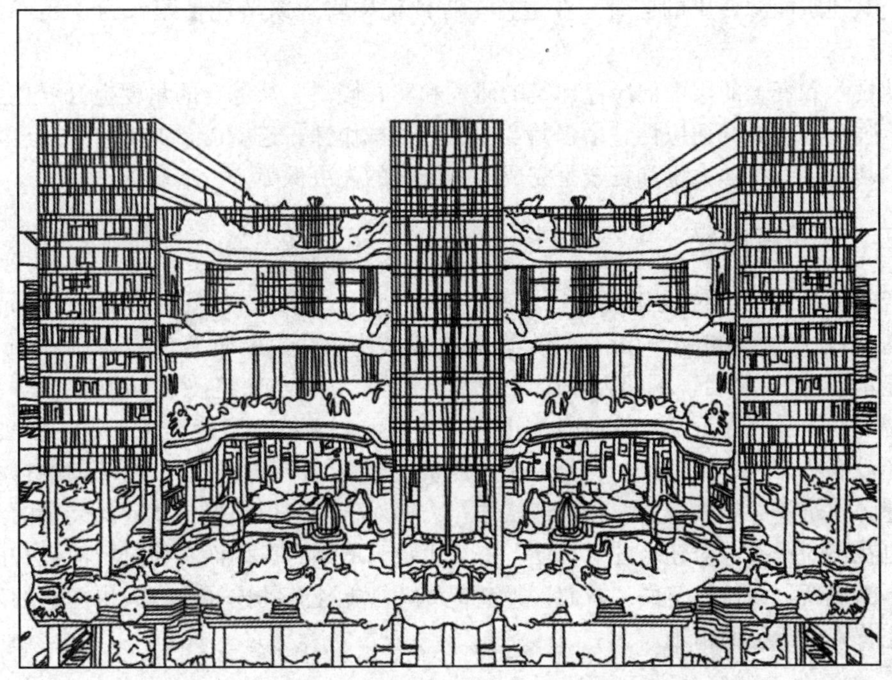

图 6-14　绿色建筑：新加坡的 Parkroyal on Pickering 酒店

绿色建筑应指：在全寿命周期内，可以实现资源（土地、材料、能源、水资源）的高效利用的建筑物。“全寿命周期”指：建筑从最初的材料生产、规划、设计，至施工、运营维护，到最后的拆除、回收利用的完整生命过程，“初始投资最低的建筑并不是成本最低的建筑”。如果想要建筑性能达到优质水平，必然要增加初期的投入成本，如果按照全寿命周期模式进行核算，在合理范围内增加初期成本，可以大大减少后期长时间运行费，降低周期内总成本，对环境有积极作用。以现有的经验来看，如果将增加的初期成本 5%～10%用于新技术、新产品的开发利用，长期运行成本将节约 50%～60%。

绿色建筑并不是特指某一建筑类型，它是一种理念，可以被应用于所有建筑。绿色建筑中的空间可以保证人类健康，并且适用和高效。绿色建筑使建筑与自然和谐共处，从被动减少建造对自然界的干扰，到主动丰富环境及降低资源需求，从狭义的“以人为本”转向可持续性的“以人为本”。

2. 绿色建筑发展战略

要推动建筑节能政策法规体系建设，鼓励地方政府出台适合当地实际的地方性法规，加紧制定新建节能建筑的扶持力度。在北方地区需要提高研究制定与供热体制改革相关的计价、收费等配套政策的速度，尽量做到节钱节能，使消费者在节能方面的积极性与主动性充分被调动。

建筑节能技术的推广需要加强。要积极开展建筑节能技术的研究开发，加强技术集成创新的应用推广。系统性地整理成熟节能技术，根据当地需要对节能技术目录进行编制，重视国家重点建筑节能工程，认真组织实施。

加强在建筑工程执行节能强制性标准方面的监督管理。建筑节能监管体系要进一步完善，进一步强化主要内容为建筑节能强制性标准贯彻实行的整体过程监管，尤其是对大型公共建筑能源使用的监管。在进行工程评优中将建筑节能情况作为重要考量因素之一。

从技术和资金的层面向绿色建筑的研发和实践倾斜。从综合的角度提升绿色建筑的品质，强化其发展的适应性，增强其实用性和可操作性，这就需要加大研发力度，加快成果的转化，而技术力量和资金是完成这一工作的先决保障。

三、建筑智能化

智能建筑打破了传统建筑形式，通过先进技术，例如自动化控制技术（control）、现代通信技术（communication）、大规模集成技术、信息与计算机技术（computer）、图形显示技术（CRT），再配合现代综合管理系统，达成与建筑技术的融合。

智能建筑尽管在近几年发展极为迅速。但目前，人们对智能建筑的定义说法很多。至今还没有一个统一的定义，这是由于使建筑产生智能的各类设备和系统的科技水平发展迅速，建筑的“先天智能”在快速增强；人们对于信息、环保、节能、安全的观念和要求也在不断提高，对建筑的“智能”提出了更高的期盼。因而“建筑智能化”的概念必然不断更新，促使建筑的“智商”不断提高，智能建筑的内涵和定义也随它的发展而不断完善，趋于全面精确。

第七章　建筑的社会文化性

建筑不仅是一种功能的需要以及工程技术的对象，更是一种社会、文化对象。这一点我们必须再三强调，原因就在于时代证明建筑社会文化性的作用往往会成为建筑形式和内涵表达的决定性因素。社会作为建筑的一个重要属性，有它的民族性、地域性、历史性、时代性。

第一节　建筑的文化性

1.“文化”的概念

文化是人类文明在进步尺度上的外化，这是文化的本质含义。

2. 建筑是一种文化，它强烈地外化着人和社会的种种历史和现实。其特征：

（1）建筑既是一种文化，又是容纳其他文化的场所。

（2）建筑既表达自身的文化形态，又比较完整地反映人类文化史。

（3）建筑作为文化，还包含着对人的精神力量。

3. 建筑作为文化“功能”，它的表现形式就是建筑艺术，同时还对人的心理有反射作用。其表现有三：

（1）人和社会的崇高性。

（2）科学和文明的呼唤性。

（3）美和艺术的陶冶性和自我完善性。

第二节　建筑的民族性和地域性

不同的民族有不同的观念形态和伦理形态，这些差异也会表现在建筑上。又或者说建筑可以满足不同民族人们的需要，所以建筑类型会反映出各种民族特征。比如欧洲在中世纪东部出现的东正教，西部出现的天主教，在教堂上就呈现了截然不同的建筑形式。在中国，汉族与藏族、蒙古族等少数民族的建筑也存在明显的不同。即使同为汉族，不同地区建筑也存在不同的形态，比如四川、北京、安徽等地的民居。造成差异的主要原因是因为各地生态、气候、自然资源等自然条件不同。这些自然条件的不同也影响了当地居民的生活习惯，从而间接影响了建筑形式，往往自然条件差别越大，地域建筑风格性更为明显。

一、地域性

地域性是指不同的地区，由于气候、地形、自然资源等条件的不同，建筑材料来源的不同，以及受此影响在人们观念中对建筑认识的不同，从而产生建筑形式的地域差别。由此可见，建筑的地域性多出自自然的因素。建筑的地域性可以归纳为主、客观因素两个方面。其客观因素大体有气候、地形、自然资源等，如厚重墙体围护的俄罗斯克里姆林宫（图 7-1）、使用竹结构的越南武重义的风和水吧（图 7-2）；其主观因素大体有社会的结构形态和经济，人们的生活方式和风俗习惯、社会经济和技术水平以及与相邻地区的交往程度（图 7-3、图 7-4）。

图 7-1　厚重墙体围护的俄罗斯克里姆林宫

图 7-2　使用竹结构的越南武重义的风和水吧

图 7-3　东方寺庙建筑

图 7-4　西方教堂建筑

1. 客观因素

（1）气候条件

气候条件主要包括日照、气温、湿度与降水等。这些条件的各异直接导致了不同地域建筑形式的不同。我国河北东北部和辽宁西部一带的传统建筑，其屋顶形状比较平，一般为用秫秸（高梁秆）上抹泥灰做成的形式。这种屋顶形式，称为屯顶。因为当地一年四季都有风，而且风很大，年降雨量不大，所以屋顶能满足排水的条件下屋顶越平受风力的影响越小。在雨水较多的长江以南地区，则必须注意排水问题。特别是在长江中下游南部，即江南一带，每年 3 月“桃花水”，春雨绵绵；每年 6 月，遇到黄梅季节；夏季和初秋又伴有热带气旋和台风，经常下大雨，有时会持续六七个小时，甚至更长。根据这种气候特点，江南的传统建筑都会设置大坡度屋顶，铺设小青瓦，屋面做成弧线，方便雨水排放到距离地基较远处，使地基得到保护。

寒冷地区冬天，屋顶上会积雪，如雪积得太厚，屋顶有可能支承不住，因此在冬天多雪的地区，就将建筑的屋顶造得很尖，这样就使雪不可能积得太厚。如哈尔滨的许多传统民居就是如此。夏热冬暖和夏热冬冷地区的建筑则不必考虑这个因素，但那里的夏天时间特别长，气温很高，阳光成了人们躲避的对象，尤其是要躲避直射阳光的炙烤，所以要把建筑的屋檐挑出很多。

长江以南，皖、赣、湘一带的丘陵地带，夏季气温较高，风又小。所以感到闷热，这里的民居多把房间做得很高敞。多数造楼房，用二层作为通风间层，所以楼上一般不住人，只储放物品或做一些杂用，楼层的层高也不太高。这种楼层当太阳照射到屋面上时，其大部分的热量会被二层流动的空气带走而不会传到一层的房间里。

(2) 地形条件

地形可大致分为山地、丘陵、平原三类，在小区域内，地形还可细分为山谷、山坡、盆地、冲沟、谷道、阶地、河漫滩等。

地形差异对建筑形式产生较大的影响。浙江、皖南、贵州诸山区的传统建筑，往往利用地形的高低，创造各种建筑形式。人们凭着自己的聪明才智，把高低不平的地形进行巧妙的处理，不但争得了更多的空间，而且使建筑造型别具一格（图 7-5）。

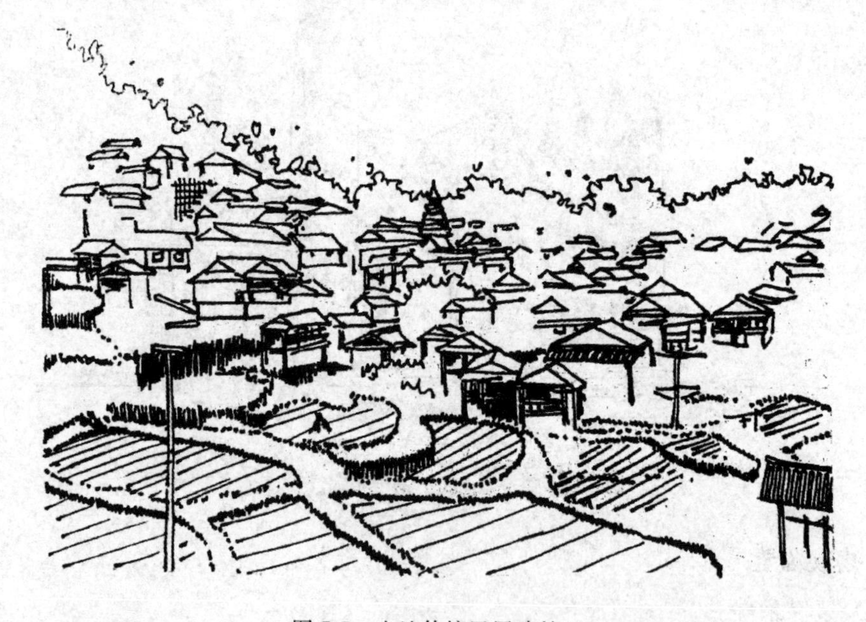

图 7-5　山地传统民居建筑

我国的江南水乡乃是河流纵横之地，水系把地分翻成一小块一小块的，人们只得用桥连通起来。这里的水除了供人饮用和洗涤外，还作为主要的交通干道，水路和陆路并用，桥成联系交通必不可少的构筑物。因此，江南水乡小镇，其建筑的形式往往前门为路，后门为河，或者既有路又有河，水陆并行，生活情趣盎然。这种水乡小镇，人口也比较密集。充满人情味儿，文化气息浓郁。有些河上建了连廊使河两边的房子连起来，如江南古镇朱家角廊桥（图 7-6）。夏夜，临水而居的人们就在河上的廊子里纳凉、过夜，倾听着河中的划船声，月光临水，真是惬意无限。

图 7-6　江南古镇朱家角廊桥

我国四川山区民居，其建筑与地形的结合更为巧妙。有的把山坡斜面造得像梯田式的形态，在每层平面上建造房子，层与层之间用台阶过渡，叫作“台”（图 7-7）。四川山区有些地方将建筑用木柱撑起来，使倾斜的山坡能造房子，这种屋就叫作“吊脚楼”，重庆一带最为多见，这种做法就叫作“吊”（图 7-8）。四川民居还有“挑”“拖”“坡”“梭”等做法。这一切，都是为了解决山坡地形问题。

图 7-7　依山而建的民居建筑

图 7-8　吊脚楼

(3) 自然资源

不同的气候条件、地形条件，形成了不同的自然环境。各种自然环境条件下都有各自不同的有利条件和不利条件。人类为了适应环境，就需要克服不利条件，利用有利条件来建造自己的建筑。

在建筑材料选择上，很大程度上受到自然环境影响，特别是在古代，没有方便的交通和发达的科学技术，使得建筑选材在地域上受到了局限，通常在当地取材加工后使用。例如古埃及的金字塔和太阳神庙、古代爱琴海各地的建筑、部分古希腊建筑均是由石材搭建而成。而由于古罗马的大型石材较少，火山灰较多，所以当地人利用火山灰粘成整石，这便是世界上最早的天然混凝土。但这种块材存在体量上的局限，所以他们又发明了拱券这种形式。这不仅解决了建筑材料问题，而且也使得建筑形式更多样，也更美。

自然资源的利用往往是综合性的，建筑对生态环境的依赖比较大。中国的“风水”理论中很重要的一部分就是要使“人、建筑、自然”三者和谐统一，而建筑正是实现三者协调的重要条件，它既要满足人的需要，又要在向自然索取的同时与自然协调共生。这一点在今天已经得到了建筑界广泛的认同。这样的话自然资源能够可持续就显得尤为重要，实际上我国的很多民居建筑形式都注重了这一点：如我国的大部分林区都采用木材作为建筑的骨架和围护结构（图 7-9）；在盛产竹子的地区，竹子应用在建筑的整个体系当中，如傣族竹楼（图 7-10）；在黄土高原地区，窑洞建筑根植于自然，冬暖夏凉（图 7-11）。事实表明，可持续的资源利用是最具发展前途的，人类要实现协调发展就必须以此为契机。

图 7-9　以木材为建筑材料的民居建筑

图 7-10 以竹子为建筑材料的傣族竹楼

图 7-11 黄土高原地区的窑洞建筑

2. 主观因素

建筑在不同地域产生的差异还受到当地人主观因素的影响，这些人的主观意识与生活环境相关联。各地人们群聚生活会产生属于当地的社会形态、风俗习惯与艺术文化等，这些也会直接或间接反映在所在地的建筑上，使各地建筑形成明显的地域差异。

在古代，地区与地区的交流由于交通不便而被阻隔，不同地域之间的人们根据自己所处的环境，以适应环境和与环境对抗的方式，形成最适应该地域环境的建筑，在这一过程中一些主观的地域特征就被固化在建筑的形式之中。

自古就有“上有天堂，下有苏杭”的说法，就是说人间的苏州和杭州可与天堂相媲美。确实苏州和杭州物华天宝、人杰地灵，这一地区的建筑更是独树一帜，为这能与天堂相媲美的苏州和杭州增姿添色。而这一地区的自然环境条件优越，百姓富庶，建筑也让人们拥有了对生活理想的追求，表现最为突出的就是造园。如苏州的沧浪亭（图 7-12）、拙政园（图 7-13）、留园（图 7-14）等，杭州的西湖素有“西湖天下景”的美誉（图 7-15），这些都是人们追求生活价值的精神要求，也是当地人民聪明才智的表现。之所以会出现在苏州和杭州这一地区，而没有出现在其他地区，就是因为当地的地域条件优越，有了这一基础，当地的人们就有了创造生活的美好愿望，而这一愿望就包含着社会的结构形态和经济、人们的生活方式和风俗习惯、社会经济和技术水平等内容。

图 7-12　苏州的沧浪亭

图 7-13　苏州的拙政园

图 7-14　苏州的留园

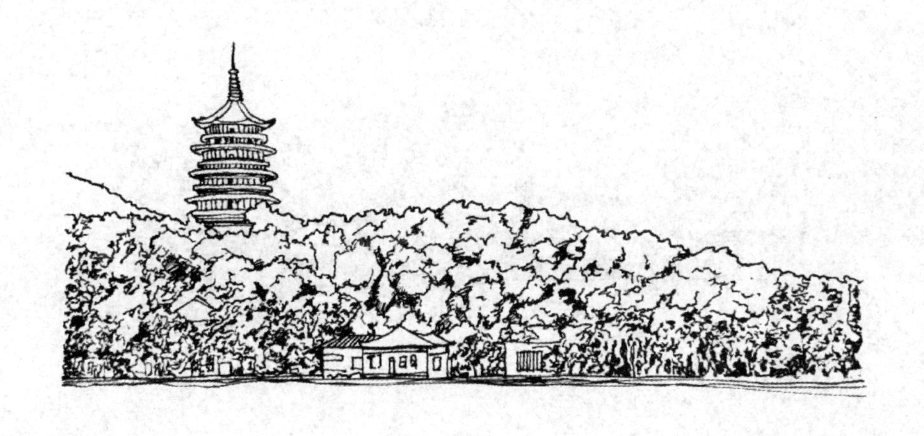

图 7-15　杭州西湖

从唐朝开始，苏杭二州就确立了在全国经济、文化生活中的重要地位，京杭大运河的修建，就是为了联系南北，把苏杭二州的钱粮运往北方，同时也打开了向苏杭二州学习的大门。在建筑上的学习尤为兴盛。例如，我国清代皇帝对江南的风土人情和建筑形式都十分倾慕，因此，自康熙、乾隆以来，在数次南巡中见到江南建筑洵美之至，因此命工匠在北方陆续建造起许多模仿江南的建筑和园林，如北京颐和园的昆明湖就是模仿杭州的西湖；而其中的万寿山后面的沿河小街是模仿当时苏州的市井格局，所以得名苏州街（八国联军时毁于战火，现在见到的苏州街是按原样修复的）（图 7-16），颐和园东北有个小园叫谐趣园，是模仿无锡寄畅园而建（图 7-17）。我们看到这些园林和建筑，感觉到它们与江南的园林和建筑不一样，例如，颐和园昆明湖上的西堤六座桥，其堤和桥的形态都是模仿杭州西湖苏堤六桥的；然而这六座桥的形式却有所不同，西湖六桥自然，颐和园中的六桥富有皇家气。一方面是地域差异（一南一北），另一方面又是人文的差异（一个重民间，一个重宫廷）。

图 7-16　北京颐和园的苏州街

图 7-17　北京颐和园的谐趣园

再如承德的避暑山庄，其中许多景观都追求江南自然格局，连取名也都带有江南文化的气质，如“烟波致爽”“云山胜地”“月色江声”“金莲映日”等。其中有个烟雨楼（图 7-18），更是模仿浙江嘉兴的南胡烟雨楼（图 7-19），但建筑风格两者相差甚远，明显是一南一北。而其中的四角亭（图 7-20），和苏州拙政园里的绿漪亭形式甚为相似（图 7-21）。但两者在风格上明显不同，如果用恰当的语词来形容它们，则北方的雄健，南方的挺秀。

图 7-18　承德避暑山庄的烟雨楼

图 7-19　浙江嘉兴的南胡烟雨楼

图 7-20　承德避暑山庄的四角亭

图 7-21　苏州拙政园的绿漪亭

有的建筑的人文因素是历史所造成的。例如，在我国福建的一些地方，有许多民居，形式如“土围子”。这种建筑在江西、福建、浙江一带都有，以福建最多，形式非常特别。究其产生的原因，相传是由于古代魏晋时期北方战乱，有些家族南迁，于是就在这一带定居下来，所以这种建筑就叫“客家”住宅。因为他们是外来的，所以时常会与当地土著发生纠纷，有时甚至动武。后来，他们就聚族而居，建造圆形的大楼房（也有的是方形的）。外墙很坚实，不易攻入。里面建有 3～4 层的楼房，楼上住人家，楼下底层养家禽、家畜，做粮仓及其他杂用，屋中间还设有祖堂。如遇闹事战乱，他们就把大门关起来，里面“广积粮”，可以吃数月甚至一年半载。这种建筑规模甚大，一个家族，几十户人家都可住在里面，最大的客家住宅直径达 70m 左右，里面有二三百间房间（图 7-22）。

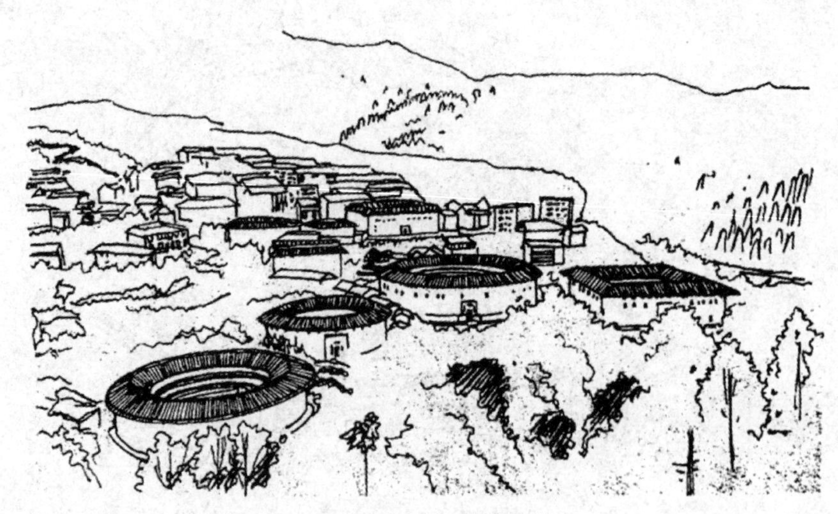

图 7-22　福建民居“客家”住宅

二、民族性

建筑作为一种空间和外部形态的综合体，满足了各民族的活动要求，同时它又作为一种形象，表现着各民族的特性。当我们看到坡屋顶、瓦屋面、木屋架、木柱、石台基等建筑形态时，大多都会说，这是中国传统建筑形式，或者说它“象征”了中华民族。这就是建筑的民族性，它用形象语言表达出来，而把这些形象作为“符号”存在。

从横向的文化关系来看建筑，这种形式的民族特征是很强烈的。如伊斯兰建筑的屋顶、门窗形式，和他们的服饰、日用器皿等和谐一致。而古代西方的建筑与服饰也同样如此，如古代希腊的建筑形象、柱式和当时的服饰。

从文化的结构来说，民族与建筑的关系或影响，要比地域与建筑的关系或影响高一个层次。如前所述，地域的因素大多是自然的、物质基础和人的物质活动上的原因；而民族的因素，则往往是社会的、文化艺术的和人的精神活动上的原因。我们更能通过建筑与民族的关系，来看建筑的社会属性。

1. 民族的观念特征

不同的民族有不同的世界观和价值观，这些观念都直接或间接地影响着该民族的建筑。华夏文明的汉民族自古崇尚自然，强调自然与人和谐统一的“天人合一”思想，把自身的发展看作整个自然发展的一部分，这些内容都极大地影响着建筑的形式、材料、风格等内容。

2. 民族的宗教特征

宗教本身具有广泛性，它可以是多个民族共同的宗教。当今世界的三大宗教（基督教、伊斯兰教、佛教）都是由多个民族共同信奉的。在建筑上这些民族共同遵循着宗教形式决定的特征。例如在基督教的早期教堂建筑普遍采用十字式（拉丁十字式或希腊十字式）这种形式，这是不同民族在宗教基础上的共识，尽管古罗马帝国分为东罗马和西罗马两个帝国，经过了上千年的变迁，但这种十字形式一直得以延续。

从历史的角度看，宗教和民族是不可分割的。宗教在表现民族的特征的过程中，在建筑的空间和外部形态上都刻下了深深的烙印。中国的佛教建筑，为什么与印度佛教建筑有很大的差异呢？中国的阁楼式佛塔与印度佛塔（称窣堵坡，stupa），在形式上完全不同。这是因为，佛教从印度传到中国，经过东汉和魏晋南北朝的吸收与消化，已经改变了许多印度佛教原型。根据对佛教的理解和需要，大量地掺入了许多汉文化的世俗、与传统礼教相协调的形态，因此也就改变了建筑形象。如阁楼式塔的形式正映射了中国传统的民族精神，它是现实的、理性的、世俗的。这也就是所谓的民间情态，与印度本来的佛塔（形象）的那种遁世、无情的形式很不相同。这就是从宗教特征来反映民族性。

宗教建筑是建筑体系中重要的建筑形式。西方的教堂，从古罗马时期西方人开始信奉基督教到今天，现代文明之前各个城市都以教堂为中心。伊斯兰教的清真寺不供奉偶像的圣龛、高大的邦克楼皆礼拜的对象。在我国最有代表性的唐代木构建筑就是佛光寺大殿（图 7-23），这应该不是历史的巧合，只有当时大量地存在佛寺才会有佛光寺大殿保存至今。由此我们不难发现，不同的民族在建筑艺术中都融入了宗教，在一定程度上这种精神追求成为建筑发展的主流和方向。

图 7-23　佛光寺大殿

3. 民族的伦理特征

西方古代的伦理观，实际上是不定的、变化的。那种显示出民主精神的奴隶制社会形态的伦理系统，可以从古希腊的建筑中反映出来。例如，古希腊神庙的美感和人情味，都说明了这种社会伦理作用。西方中世纪的封建等级观念，在建筑上当然也可以反映出来。

中国自古就有礼仪之邦的说法。礼仪也就成为中国传统建筑要表现的重要内容。最典型的例子即为北京故宫的太和殿：历史中因为等级制度，平民住房不能超过皇家建筑，所以太和殿的高度是最高的。又如色彩，在《礼记》一书中说到："楹，天子丹，诸侯黝，大夫苍，士黄主。"意思是说，建筑中的柱子颜色是分等级的，不同的颜色代表不同的身份。红色的柱子只能在皇帝居住的建筑中出现，黑色的柱子为诸侯使用，蓝色只能为大夫（一般的官职）使用，黄色的柱子只能让最低级的士使用（在商周时期，士是一种最低级的贵族阶层），这就是中国古代伦理系统下的建筑"规则"，也就是构成建筑的民族性的一个要素。

最容易体现伦理特征的建筑类型应为居住建筑：北京传统民居为一个典型案例，北京胡同里的建筑大部分为四合院形式，其特征为外面封闭，朝向内开门窗，以便满足当时家族制度下与物质和精神相关的日常功能需求。这种家族制，从社会形态上说则是一个"细胞"。整个国家由许多这种"细胞"有机地组合而成，但是，"国"在结构上则又是"家"的"放大"。所以北京故宫的建筑空间布局，在形式上与北京四舍院民居很相似。

民居的伦理现象还表现在地域意义上，北京是近皇宫之地，所以其民居的形式十分规整，符合伦理规范要求。江南诸地（泛指长江中下游以南）许多小城镇的住宅就有所不规，特别是出于地形的原因（如山地、水泽地带等），有的更是出于商业经济发展的需要等，所以与北京四合院形式略有不同，没有那么严谨。但一些江南城市中的大户住宅，仍然保持这种伦理特征，做得对称而严谨，符合古代伦理和宗教需求。这主要是因为居住者多属有身价之辈，不能有失礼仪。但是，即使如此，他们也往往在宅的旁边造花园，建书斋，多以自由布局。更远一点的地方，如广西、云南、贵州，特别是少数民族（如傣族、纳西族、苗族、佤族、壮族等）地区，他们的住房形式就与北京四合院很不相同。又如蒙古包，以及西藏、青海、甘肃诸地的藏民碉房，则与北京四合院找不到有什么相同之处。所谓“天高皇帝远”，越是远离京城，就越显示出不同的格局。前面说过，建筑的社会要素要比自然要素高出一个层次，因次对于建筑用料来说，即使同样就地取材，同样用木结构，但中国古代的木构建筑与英国古代的就很不一样。建筑作为一种文化，其现实是很复杂的，它的民族和地域特征又是错综复杂的，需做细致、谨慎的研究。

第三节　建筑的历史性和时代性

过去经历与人文科学均是建筑在历史上的体现，而现在、未来与技术科学均能体现建筑的时代性。

一、历史性

1. 同步性

（1）建筑的历史性是与人类历史的发展相一致。

（2）建筑既是一种科学技术更是一种文化艺术。

（3）历史保留下来的古代建筑，其形象性对近现代建筑具有物质和精神的影响。

2. 连续性

建筑历史的发展具有一种相关联的连续特征。这种联系既是连续变化又是螺旋形发展。

3. 民族性——民族是一个历史的概念，是演化发展的。

4. 和谐性——新旧建筑在同一环境中的相互协调。

二、时代性

1. 科技性

随着科学技术的发展，使得在生产力变强的同时，生产方式也发生转变，从而带来了政治经济乃至文化和观念形态的变革。如：服饰、轿车、建筑等。

2. 形象性

由古至今，建筑的内容和形式已发生了根本性的变革，已不再是古典的形式和装饰，而是以新的形式、新的材料和工艺来构成。如：①巴黎博览会机械馆。② 艾菲尔铁塔。

3. 经济性

先进的科学技术不仅使现代建筑坚固合理，而且材料用量经济，建筑工期大大缩短。

4. 多样性

技术的发展和建筑材料的不断更新，不但避免了建筑形式的雷同，而且使建筑的形式丰富多彩，如：薄壳、悬索、折板等先进技术以及玻璃幕墙、铝合金材料、建筑表面涂料、合成塑料等新型材料。

第三篇　建筑设计

第八章　建筑设计概述

第一节　概念与内容

一、建筑设计概念

建筑学以建筑设计为核心，以指导建筑设计创作为最终目的。建筑设计是技艺的一种形式，在古代主要靠师徒承袭，口传心授，近现代逐渐开办学校，进行课堂教学，但仍要通过实践来进行学习。建筑设计具体来说是指针对具体的设计任务，对一片空白场地进行分析，根据具体的分析结果，结合实际的功能要求，利用当前可以利用的技术条件，从总图入手，具体完成从平面到立面、剖面、节点图、透视图等图纸的从无到有的设计过程。

二、建筑设计内容

建筑设计从使用性质上分为农业建筑设计、工业建筑设计和民用建筑设计。民用建筑设计又分为住宅、宿舍等居住类建筑设计以及商业建筑、医疗建筑、体育建筑、教育建筑等公共建筑设计；从设计程序的上分为前期策划、方案设计、结构设计、建筑物理（声学、光学、热工）、建筑设备（给水排水、暖通空调、电气）、使用后评价等，本篇重点探讨建筑方案设计阶段。

第二节　特征与方针

一、建筑设计特征

1. 多学科交叉的整合设计

为了完善地实现建筑设计的目标，首先就要运用建筑学的专业知识与技能处理好建筑物与环境的相依关系；处理好建筑物内部复杂功能的有机关系；处理好建筑物体形与内部空间的和谐关系；处理好建筑物各细部与整体的关系等。

建筑物要想安全地容纳人的多样生活，其结构体系必须是合理的、坚固的。因此建筑设计要运用结构工程学的知识，对设计对象进行合理的结构选型、合乎逻辑的结构布置，以便为结构工程师对建筑物的结构计算提供设计依据。

建筑物的建造涉及各种建筑材料，而不同种类建筑材料的性能、质感、适用条件、加工工艺等千差万别。因此，建筑设计要运用建筑材料学的知识对设计对象进行合理选材及配置，以便使设计对象的建造成为可能，并且使建筑物内外表皮通过建筑材料恰如其分地表达设计意图。

建筑设计不但创造了建筑物实体，同时又创造了建筑物内外空间环境。这个内外空间环境支持着人的各种生活行为。建筑设计为了使人在其中获得一个适宜的生活环境，就要运用建筑物理学知识精心处理好声、光、热等技术问题，以便更合理地进行建筑物的选址、规划布置、方位选择，或者采用有效措施隔绝外界不利因素对建筑物内外环境中舒适性的干扰等，建筑设计一旦整合了建筑物理学的要求，就能在舒适性方面进一步提高建筑设计的质量。

建筑物不但是建筑设计的物质产品，也是人类文化的载体。“建筑是历史的史书”正是说明建筑物记载着人类的文明史，传承着人类文化的延续。因此，建筑设计不完全是一种工程设计，在一定程度上还要运用建筑历史学科的知识，对建筑物注入某种文化的内涵，不但要继承建筑文化传统，还要大胆创新，烙上时代发展的印记。

任何一项建筑设计的产品——建筑物，都必须以经济为基础。再高明的设计手法，如果得不到经济的支持，建筑设计只能是纸上谈兵。建筑设计须运用经济学原理把握好面积定额、设计标准、造价控制等，使建筑物经济、适用、坚固、美观。同时建筑设计还要在深一层次上运用经济学原理，力图从设计、建造、使用及建筑物的日常管理维护各个环节，充分考虑以较少的投入获取最大、最好效益所要采取的对策。

当今的生态学发展给建筑设计带来严峻的课题，即建筑设计要更加注重生态环境问题，诸如节能减耗、消除污染等，以便使人类的建造活动尽量减少对自然环境的干预和破坏，达到使活动与自然界的和谐发展。信息技术革命不仅给社会和人类生活带来日新月异的变化，而且诸如自动控制、信息传递、网络技术、电脑普及等先进手段的出现也给建筑设计注入了新的活力。建筑设计自此摆脱了以经验公式、图表、手册等作为设计依据的传统设计方法的束缚，走出设计初级阶段进入现代设计领域。通过运用数字手段、建立数字模型、利用现代分析技术和计算技术使建筑设计解决更为复杂的设计问题成为可能，并大大提高了设计效率和精确度，使设计的产品——建筑物比任何时代更现代化、智能化。

人不甘于生活在生硬材料的围合中，人与生俱来希望与大自然亲密接触，尤其处在今天的高科技现代生活环境中更加渴望回归自然。因此，建筑设计要运用造园学的原理、知识与手法，使建筑物能够融入自然环境，并成为有机整体；或者在建筑物的内外环境中引入自然要素，并进行科学的规划与合理的设计，从而改善硬质环境的缺陷，进而创造美的、自然的生活环境。

建筑设计是为人的而不是为物的，不同的人对于同一类型建筑物及其环境的物质要求与精神要求是不同的，或者不同类型的建筑物所要表达的氛围也是各不相同的。为了更好地满足不同人的不同需求，建筑设计就要认真研究人的生理学、心理学、行为学。以此作为设计准则，更精心地进行功能布局，进行空间比例的推敲、材质色彩的选择、声光的控制、细节的处理等。总之，上述建筑设计的一切方法、手段、目的都归结为对人的关怀。

这说明建筑设计已不再能以单一学科来独自解决日益复杂的设计问题了，它要综合地运用各学科的知识与成果进行整合设计。只是对于不同的建筑而言，整合的程度与方式有所差别而已。

2. 解决矛盾的设计过程

设计者在进行建筑设计的过程中，不是单纯为了功能的合理而机械地进行平面排布，也不是为了在造型上标新立异而随心所欲地张扬形式构成，更不是为了标榜个人喜好而肆意玩弄设计手法，建筑设计的过程是实实在在不断解决设计矛盾的过程。如前所述，建筑设计与诸多学科的关系紧密，要想将它们部分地或多样地关联起来进行整合设计并非易事，何况建筑设计一旦将它们整合在一起势必会产生这样或那样的矛盾。建筑设计为达到理想的目标不得不在设计的各个阶段分析它们的利弊关系，协调它们的相互矛盾，最终通过决策解决设计问题，以达到设计目标的实现。

从建筑设计的行为过程来看，设计初始，设计者就会陷入如何处理建筑与环境关系的设计矛盾之中。这些矛盾有外在的，包括地段周边的道路、建筑、朝向、风向、景向等；也有内部的，如功能特征、技术条件、造型要求等。这些内外因素各自都对建筑设计提出约束条件。更为困难的是这些内外因素不是孤立地对建筑设计产生影响，而是相互错综复杂地交织在一起共同对建筑设计产生作用。这些作用有些是正面的，有些是负面的，从而让设计者难以判断、取舍、决策。设计者为了使建筑设计在起步阶段就能正确上路，必须运用唯物辩证法，通过分析、综合、取舍、决策等手段，找出建筑设计方案生成的起点。但这仅仅是开始。根据矛盾永恒的法则，在解决了一对设计矛盾之后，又会出现新的矛盾来干扰设计的进程。比如，当初步解决了建筑与环境的设计矛盾时，下一步就会面临建筑本身的功能与形式的矛盾、功能与技术的矛盾、形式与技术的矛盾等。它们的出现可能有先后次序，但始终是不可分离的，总是明里暗里影响着建筑设计的进程和结果，设计者又要在求解的途中不断回答这些不断涌现的设计矛盾。由于建筑设计的特点是没有唯一解，这就更增加了对设计矛盾判断、评价的难度。但是，建筑设计过程总的趋势是，当设计矛盾依次解决后，设计目标越来越明朗化。设计者只要在每一个设计阶段抓住相关的主要设计矛盾，设计问题就会迎刃而解，许多无关紧要的矛盾也可以一一被克服，设计就会沿着正确的取向向前发展。一般来说，只要建筑设计运用的解决设计矛盾的方法符合建筑设计程序的规律，当解决后一设计矛盾时，就不会颠覆先前的设计成果。正是这样，建筑设计才会在不断解决各个设计矛盾的过程中推动建筑设计的进程，直至建筑设计目标在图面上完成。我们之所以讲建筑设计目标是在图面上完成的，是因为建筑设计将贯穿于施工阶段的整个建造过程中。由于某些无法估计的原因，图面上难免忽略的设计矛盾或隐藏的设计矛盾最终都会在建造的过程中逐一暴露出来。此时，又需要设计者为解决现场出现的设计矛盾修改设计，以便将设计矛盾尽可能地解决在建筑物竣工之前。

就是这样，设计者当在进行建筑设计时，自始至终是在为解决不断涌现的设计矛盾苦苦思索着，尽力解决着。而建筑设计过程中的所有表达手段，仅仅是解决这些设计问题的媒介而已。

二、建筑设计方针

罗马建筑师维特鲁威早在两千年前，在《建筑十书》中提出了建筑设计的三大原则为："坚固、实用、美观"。20 世纪 50 年代我国提出了建筑设计三原则："经济、适用、美观"，自此提供了一个建筑设计及建设可以遵循的标准。这一标准也随着时代的发展而不断发展。2016 年《中共中央、国务院关于进一步加强城市规划建设管理工作的若干意见》提出新的建筑方针："适用、经济、绿色、美观"，在《民用建筑设计统一标准》总则中明确提出"民用建筑符合'适用、经济、绿色、美观'的建筑方针"。

适用是符合客观条件的要求，从环境、功能的角度出发满足需求；坚固是从技术角度出发，强调技术的可靠性和有条件的先进性；美观则主要是从精神和审美角度来增强建筑艺术性的限定。它是从古至今就一直是建筑本身所包含的内部规律。既是一个统一体，又相互存在矛盾，在时间与空间的转换中不断变化着主题。在科技高度发达的今天，它仍是建筑设计的核心问题。这就需要从其自身出发，把它作为一个整体来思考，以建筑设计的"可能性"来化解矛盾，使它们满足要求，又协调统一。

第九章　建筑设计思维

在建筑设计现象中，不同的设计者，面对相同的设计命题，设计效率是不同的，设计结果有优劣之分，其原因是他们对待设计问题思考角度的不同，想问题不是同一个思路，解决问题不是一个途径，一句话，思维方法有很大差异，导致殊途不可能同归。由此看来，思维方法与动手设计的关系是紧密的，如何掌握正确的思维方法就至关重要了。

在建筑设计的过程中，设计者将会运用到以系统思维、逻辑思维与形象思维为主的多种思维方法。

第一节　系统思维

系统是客观存在的现象。在自然界中大到宇宙系统，小到一个细胞都可以被称为系统。而在人工界中，也存在着各种系统，从社会到产品。尽管每个系统的表征都是千差万别的，但它们有一个共同特征，即各系统都各自包含着许多子系统，子系统又包含着更小的分系统，这些子系统与分系统之间的关系是相互联系并相互制约的，这些子系统及分系统都是为了一个共同的目标而结合成为一个系统总体。综上，由相互作用和相互依存的若干组成部分结合而成的具有特殊功能的有机整体可称为“系统”。

建筑设计本身就是一个包含着环境、功能、形式、技术等各个子系统的大系统，子系统又由更小的分系统组成。例如环境系统是一个大系统，包含了硬质环境和软质环境两个子系统，硬质环境又包含了地段外部及内部硬质环境两个更小的分系统。而地段外部硬质环境同时又包含了城市道路、城市建筑、城市景观等层级的分系统；地段内部硬质环境则又包含了地形、地貌、遗存物等更小一级的分系统。建筑设计所面对的体系极其复杂，仅仅是环境系统的体系就如此庞杂，何况设计中需要加上功能系统、形式系统、技术系统等。而这些子系统、分系统以及更小的组成部分不可能是孤立存在的，每个系统之间相互联系着、制约着。那么，设计者就不能单独地思考某一个子系统或更小的分系统，必定要涉及相关的其他子系统或者分系统，这就要求设计者在面对某一个设计问题时不能孤立地进行研究，而是要以系统整体为出发点，对建筑与环境、功能与技术、功能与形式、形式与技术直至细部与整体之间的关系进行辩证的分析处理。

一、分析与综合

1. 系统分析

针对建筑设计进行思考的过程中，可以将建筑设计理解为一个整体进行分解，分解为若干部分的子系统，并针对每一个子系统的设计要求分别进行有目的、有步骤的设计分析过程。在整个设计分析过程中，每一个子系统的思考都不是独立的，而是要从整体出发，并充分考虑每个子系统之间的关系以及子系统与整体的关系，从而找到能最大化解决所有问题的、最大程度接近设计目标的方案，然后进行下一步系统综合，择优选取出一个可以进一步发展的方案进行下一步系统设计，直至达到设计最终的目标。

系统分析方法应当在建筑设计的各个阶段贯穿始终。例如在建筑设计初始阶段，应该就涉及外部环境条件及内部功能需求的各个方面对设计任务书进行系统性的分析，建筑设计的每个步骤中都少不了系统分析方法。

(1) 分析要周全

建筑设计项目是一个包含了若干组成部分（子系统）的大系统，每个组成部分又有属于自己的分系统。大系统以这些子系统、分系统为重要的组成要素。各个要素在系统分析中都要有所考虑，不能够遗漏某些要素，如果稍有疏忽，哪怕一个子系统或分系统有遗漏，都有可能给设计成果带来缺憾。

(2) 层次要清晰

在建筑设计项目中，尽管系统比较复杂，有大系统、子系统，甚至分系统等，但在系统思维过程中，只要分析层次清晰，就能按正确的思维秩序有条不紊地解决设计中的问题。否则，如果分析层次颠倒，条理不清，就会乱了系统，导致两种分析错误。

一是在建筑设计过程中，没有准确地抓住各设计阶段的主要矛盾或者说矛盾的主要方面，这样会造成一定程度的设计思维紊乱。例如，就建筑设计程序而言，一开始我们应该抓住建筑与环境这一对主要矛盾，仔细进行系统分析，而不是设计一上来就排平面功能，或者搞形式构成。这是将后一分析层次的设计问题置于环境设计这一首要分析层次之前，显然从建筑设计方法来说是本末倒置的错误。其次，在设计初始进行系统分析抓住建筑与环境这一主要矛盾时，还要注意到矛盾的主要方面在环境这一因素上，重点对它进行系统分析，以便充分把握设计的外在条件，进而有针对性、有目的性地考虑设计目标怎样适应环境的各种问题。只有在这个基础上，才能进入下一层次的系统分析。依此类推，系统分析层次清晰，就意味着掌握了建筑设计程序的脉络。

二是思维容易陷入就事论事地考虑细部的设计问题，而忘记了对项目整体的要求，造成子系统设计目标紊乱，而对大系统的设计目标失去了控制力。例如，我们有时容易先入为主地对设计的某个细节爱不释手，仔细推敲，反复研究，结果忘记了这个细部在系统分析层次上应在什么时候考虑，更是忘记了它与大系统的关系是十分重要还是可有可无，或根本就是画蛇添足。因此，在建筑设计中什么时候该考虑什么问题，有一个系统分析层次的先后步骤，而且分析的思路应该十分清晰。只有这样，才能保证建筑设计的进程顺利展开。

(3) 重点要突出

建筑设计项目作为大系统，在整个设计过程中有许多不确定因素。系统分析正是针对这些不确定因素，从中寻找解决设计问题的出路。当然，这些不确定因素作为设计来说并不是对等的，它们有主有次。当我们解决设计某一阶段关键问题时，可能存在某一子系统在其中起着至关重要的作用。那么在设计过程中重点解决该子系统的不确定因素，就有可能使方案设计的进展有突破，甚至形成某种方案特色。在建筑设计的不同阶段，设计的不确定因素也是不对等的，也只有抓住该阶段重点的不确定因素才能找到解决设计问题的关键，使设计进程再前进一步。所以，系统分析不是平均对待设计问题，不能为分析而分析，而是以求得解决关键问题的最优方案为重点。

（4）分析要始终

尽管我们强调在建筑设计起始阶段要加强系统分析的方法，但是，由于分析要素有许多是不确定的变量，即使通过系统的综合，我们也只能从若干系统分析所综合的不同方案中择优选出一个相对理想的方案，每个方案都不可能十全十美，设计进程的不断发展推进过程中，还会出现许多新的设计矛盾或者新的变量，这些都需要在设计过程中加以解决。在整个设计过程中，我们都需要运用系统分析的方法来深化设计。只是每个过程阶段的系统分析内容都有所变化，上一阶段的分析结果可能成为下一阶段的分析条件，那么就要将新产生的分析条件因素加入新的因素群中一并进行考虑。由此可知，系统分析的过程就是由此及彼贯穿在整个设计始终的。

2. 系统综合

系统综合实际上是在对系统分析结果进行评价的基础上，权衡各种解决设计问题之间利弊得失的关系，或者从中选择可供方案发展下去的较佳方案的过程。在系统分析的过程中往往又会因为子系统要达成的目标很多，之间可能存在矛盾而不断发现新的问题，所以不能因某一子系统在某一方面取得了最优质的目标就认为在整体上也是最好的解决设计问题的结果，或者是最好的方案。如果从另一子系统出发，也在另一方面取得了令人满意的目标呢？用这种方法类推，我们也许可以从不同的子系统出发，尽量达到各个方面较为中意的目标。由于我们设计只有一个最终目标，那么我们就需要从总体出发，综合评价各子系统所取得的目标值，服务于最终方案的选优与决策。

（1）要保证评价的客观性

方案优选是评价的最终目的，评价的质量直接影响到能否正确地进行方案选优。为此，要求系统分析所提供的信息、资料要尽可能周全，以便评价时具有充分的依据。其次，评价人要坚持实事求是的原则，避免个人的感情色彩掺杂其中，避免主观臆断和喜好偏向，对各方案的优劣之处要给予公正、客观的评定，这是避免评价结局发生失真的根本保证。

（2）要保证方案的可比性

为了探求设计的主要方向，寻求最佳的设计方案，在建筑设计的初始阶段，设计者往往要有若干方案进行比较，以便从中寻找一个较为满意的方案作为发展基础，再综合其他若干方案的优点探讨吸纳的程度。但是，这一设计过程及其决策的前提条件是，这些方案要各自有特点，是从不同思路而产生的，又有鲜明个性的方案。这样才能有可比性，系统综合所考虑的问题才会更周全些。否则，若干方案的特点大同小异，个性雷同，缺少可比性，也就失去了系统综合的意义。

（3）要突出方案个性特点

系统综合不是寻求一个四平八稳的方案。这种设计方案即使不出大毛病，也会因毫无特色可言，充其量只是个平庸的设计作品。因此，系统综合时首先要看方案是否有创新意识和与众不同的特色。值得注意的是，这种创新和特色不能以牺牲其他设计要素为前提。当然，即使一个很有创新思想又有鲜明特色的方案也可能暂时还存在着这样或那样令人遗憾的问题。但是，只要它们不是不可纠正的设计失误，或只是处理手法不完善的问题，那么，这种方案在系统综合时就符合大局，可以作为方案选优的对象。

（4）要善于对其他方案取长补短

系统综合的目的是对方案选优或优化。以上三个方面论述都是为了选优所必须进行的工作。但不等于被选优的方案十分理想，总会有某些短处或缺憾。因此，紧接着就有一个继续对选优方案进行完善的过程。这就需要对其他若干被淘汰的方案加以研究，看看到底有哪些设计妙处可以取他之长补己之短。当然，这不是简单的移植，而是吸收。哪怕不是设计构思，而是设计手法，只要可取都可系统综合进来。

二、思维特点

1. 思考设计问题的整体性

整体特点是指在建筑设计的任何阶段，都必须坚持以整体的观点来处理局部的设计问题。因此，设计中的各个要素及各个细节都是以整体的部分形式存在的，每个部分之间都是相互影响、相互制约的，任何一个局部的变化都可能会影响到整体，牵一发而动全身。因此，我们在看待设计要素的细节时要用联系的、整体的观点，避免用孤立的、片面的观点来评判和处理局部的设计问题。

2. 分析设计矛盾的辩证性

我们知道，实质上建筑设计就是解决各种设计矛盾的过程。按照矛盾的法则，任何事物的发展都不是绝对的，矛盾双方总是相互依存、相互转化的，旧的矛盾解决了，新的矛盾就会出现。因此，我们应该以符合事物发展的客观规律的方式来看待问题，采用辩证法的两点论，而不是唯心主义的一点论。如上所述，在建筑设计中，只要一个子系统发生变化，就可能引起另一个子系统的变化，并蔓延到更多的子系统，从而引发多米诺骨牌连锁反应，直到整体发生变化。这是建筑设计中的普遍现象。

3. 寻求目标的最优化

建筑设计是一个复杂问题的解决解题过程，没有唯一的答案。但是我们总能找到一个比较好的答案，无论是建筑设计的过程中，还是在最后。这就有一个优化工作来解决设计问题，系统思维方法是通过对一些设计条件进行系统分析，总结出解决设计问题的几种可能性，然后由系统综合选择最佳方案。这种优化工作贯穿在建筑设计的全过程，但每个设计阶段或各个设计步骤的优化工作的目的与内容都不尽相同。总的规律是从全局优化开始，建立方案总体构思和布局的框架，然后在优化过程中逐步解决各自的设计问题，直到最终达到建筑设计的目标，这说明优化是多层次的。

值得注意的是，建筑设计各个阶段的优化结果，有可能出现前后相互矛盾，甚至对立的现象。此时，就需要把它们放在建筑设计的大系统中进行审查，看是否与整体优化有矛盾，这说明在建筑设计每个阶段的优化工作都离不开系统思维。

另外，由于建筑设计涉及面很广，它的优化方法不像某些工程门类那样需要通过构建用来衡量计算的数学模型而具有相对的客观性、科学性。建筑设计主要依据设计者本人的实践经验以及专业素质，通过对多方面影响因素的分析与比较寻求设计目标的最优化。因此，这种优化是有条件的、相对的，以及还有可能在后续设计过程中进一步优化。

第二节　逻辑思维与形象思维

将科学与艺术两者进行对比可以发现，科学侧重逻辑思维，更多地表现在概念、分析、抽象、筛选、比较、推理、判断等心理活动中。另一方面，艺术注重形象思维，这体现在更多地运用知觉、想象、联想、灵感等心理活动。由于建筑设计属于理工与人文的交叉学科，是一个综合性很强的设计范畴，既有工程技术方面的问题，也有艺术创作方面的问题。因此，复杂的设计问题并不能用单一的思维模式来解决，而是需要将科学和艺术进行结合，即将缜密的逻辑思维和丰富的形象思维两者统一，这就是综合思维。

由此可见，综合思维方法实际上是一种逻辑思维与形象思维紧密结合的思维方式。因此，设计者应该像掌握手头的表达工具一样熟练，以此为基础，把两者作为一个整体，始终与设计进程同步运行。任何将两者割裂或者失衡的思维，都与建筑创作的思维方式背道而驰。

一、方法介绍

设计者进行建筑设计需要运用多种思维方式进行思考，其中主要包括逻辑思维和形象思维。

对于逻辑思维只要是正常人都具有这种能力，只是在强弱上程度不同。那么，应该怎样更好地运用逻辑思维呢？第一节在论述系统思维方法时，实际上就是逻辑思维在建筑设计中的展现。只要掌握了系统分析方法与系统综合方法，也就熟练了逻辑思维方法。

问题是形象思维对于设计者来说相对更难掌握，这主要是因为形象思维主要是需要借助于某一具体的形象来展开思维的过程，属于一种途径多、回路多的“面形”思维模式。不像逻辑思维是从一点推向另一点的“线形”思维那样易于把握。而建筑设计的重要任务之一就是形的创造，包括建筑外部体形与建筑内部空间形态，甚至包括细部节点形态推敲。这些形象的确定有两个难点，一是这些形象在设计者脑中事先是不存在的，设计者很难想象设计目标的形象是什么样？即使设计者在形象构思中能够有一个朦胧的形象目标，但在设计过程中要控制它的实现也是比较难的。二是所构思的形象或者所实现的形象并不是唯一的结果，或者不是最好的结果。那么，还有更好的形象结果吗？很难回答。但是，我们能不能尽力去创造自己认为更好的建筑形象呢？只要设计者掌握了形象思维的方法，就能不断提高形的创造力。

1. 加强对形的理解力

运用形象思维方法进行的创造，其前提条件是设计者已经具备了对形的理解力。这是由于形象思维是以具体形象进行思考作为基础的。例如在解读设计任务书文件时，对于基地周边环境条件的认识，不能停留在给定的地形图上，这仅仅是二维的平面，与现实在三维空间的真实感上有较大差距。设计者必须将二维的环境条件图，通过理解转换到脑中建立起三维的空间概念，只有感觉了这个外部形的空间特征，才能为今后设计目标——形的创造有一个与之有机结合的空间环境概念。

又如，在进行平面、立面、剖面设计时，同样不能把它们看成是二维平面的图形，一定要理解三者所构成的空间形象。在此基础上，从空间形象的视角给予正确的评价，若有不满意之处，再回到平面、立面、剖面上进行有针对性的调整、完善工作。因此，形象思维的基础有赖于设计者对形的理解力。

2. 提高对形的想象力

建筑设计是大至建筑形体的创造、小至细部形态的创造的一个创造形的过程。对于不同的人，形的想象力是有差异的。有的设计者形的想象力丰富，有的设计者形的想象力较贫乏，其原因有多种多样。就形象思维方法而言，前者对诱发形的联想较灵活、丰富，而后者对诱发形的想象较为迟钝、单调。运用联想的办法不失为诱发想象力丰富的好办法。因为联想是人的一种重要心理活动，在某种外界条件的诱发下，可以回忆起过去曾有过类似的见识和经验，触类旁通而产生接近的、类似的形象想象。这种外界条件诱发联想的渠道可有以下几种途径：

（1）依托环境诱发的形象联想

任何一座建筑物都应属于环境，融合于其所处的特定环境中。也是因为这种特殊性，设计者就应从若干环境要素中寻找最典型、最具特征的因素作为引发联想的因子。如丹麦建筑师约翰·伍重运用了象征性的手法进行了悉尼歌剧院的设计，他背弃了由现代主义建筑家一直信奉的准则：“形式因循功能”，悉尼歌剧院的形象模式颠覆了歌剧院的传统模式，从海湾环境中诱发出以三组巍峨的壳顶，塑造出一个既像堆砌的贝壳，又像扬帆远航的船队的形象，其形象与其所在的环境完美融合，成为悉尼乃至澳大利亚的象征。

（2）依托仿生诱发的形象联想

自然界的一切生命体和无生命的东西组成了千变万化的物质世界。它们以千姿百态的形状表明各自存在的功能合理性、环境的适应性以及结构的科学性。自然界系统的这些优越的机制、生命的规律，使我们从中获得启发，成为进行建筑形象创造的源泉。许多建筑的形象都源自自然界生态形象的启迪。如埃罗·沙里宁设计的美国耶鲁大学冰球馆形如海龟，采用庞大而造型优美的屋盖形象（图 9-1）；西班牙的建筑师高迪设计了米拉公寓，以其建筑形象怪诞不经，造型奇特而闻名于世。各种形态和色彩都来自大自然。

（3）依托寓意诱发的形象联想

寓意是为了表达一个特定的命题，提出与功能或场所性质相联系的一种心理暗示。如一座城市或一个地理区域常用一个“大门”作为象征物，以寓意一种地理空间的界定。因而，在许多城市就把火车站、航空港等交通建筑物作为城市的“大门”便在情理之中，或者在新开发区入口建设标志性建筑，起到“大门”的标识作用。如建筑师 E. 沙里宁设计的美国圣路易斯市杰斐逊纪念拱门（图 9-2）呈跨度为 190 多米的抛物线形，以现代感的、轻盈豪放的形象标识着该城作为通往美国西部疆域的门户，同时彰显着该城市在当年开发西部过程中不可替代的历史作用。

图 9-1　美国耶鲁大学冰球馆

图 9-2　美国圣路易斯市杰斐逊纪念拱门

3. 增加对形的记忆与运用

设计者形象思维的能力是建立在对形的记忆与经验的积累基础之上，可以通过书本杂志、现实生活中的各种建筑造型、内部空间形态以及细部节点式样进行仔细观察、分析、理解、收集、记录，并养成一种行为习惯。这样，设计者头脑中有关形的信息储存量越大，密集程度越高，这就意味着对形象思维的激活程度就越容易，形象联想就来得灵活。

在建筑设计中，形的创造不是转移已有的形象符号，若如此，那便是抄袭、堆砌、拼凑。我们只能是在建筑设计过程中从记忆库中提取可借鉴参考的相似形象，再与建筑设计具体目标联系起来灵活运用，独立地去构成一个新的形象，这就是创作想象。它是创造性活动所必需的，与创造性思维有着密切联系，是设计思维中的高级而复杂的思维形象。

总之，建筑设计既属于艺术创作的范畴，又涉及多学科交叉的工程设计领域。这种复杂系统问题的解决需要丰富的形象思维与缜密的逻辑思维，且两者应兼而有之。

二、方法应用

在建筑设计中，一方面，在处理环境关系、功能布局、技术措施等问题时，往往以逻辑思维解决各种设计矛盾。另一方面，我们在塑造形体和推敲空间的时候，往往依靠形象思维进行艺术创作。然而在设计过程中，二者各有侧重，但总是错综复杂、相互交织、共同发挥作用。

1. 逻辑思维与形象思维谁先入手并不是设计起步的关键

在建筑设计开始阶段，有两种情况：一种是设计从平面设计开始起步。因为，平面可以体现很多种的设计征象，例如功能布局的表达、房间之间的关系、流线形的组织等。这些设计征象的解决方案主要是通过逻辑思维进行逐一分析的。大多数有明确功能的公共建筑设计都属于这种思维方式。另一种是设计从形象思维开始。形象设计对于某一类建筑来说是非常重要的，例如纪念性建筑。要在这个时候充分发挥形象思维的重要作用，只要注意功能内容就可以适当地调和，往往因为独特的造型就可以达到先声夺人的效果。在这两种思维的过程中，或多或少地在潜意识中渗透着另一种思维。例如在进行平面设计时，我们的确首先是运用逻辑思维来分析的，但同时也要有意识地考虑形象思维。例如房间的形状、组合、结构布局等，主要还是用图形来表现，然后通过逻辑思维进行评价、反馈等交替进行。在造型设计中运用形象思维的同时，也要有意识地运用逻辑思维对造型进行评价、分析和修正，然后运用形象思维不断完善造型，如此反复。

2. 提高主动运用逻辑思维与形象思维互动的能力

从有意识到下意识运用逻辑思维与形象思维的互动，表明了设计者已娴熟掌握综合思维方法的能力。这种能力表现在如何从全局把握逻辑思维要解决的设计方向与形象思维要解决的设计目标的互动，到设计每一环节所涉及的形式与功能、形式与技术、功能与技术等的细节，运用两种思维互动解决设计问题。

综上所述，综合思维中蕴含的逻辑思维和形象思维在整个设计过程中对不同的设计问题起着主导作用，但同时也不能缺少另一种思维的辅助作用。重要的是，两者始终是综合思维的互动整体。

第十章　建筑设计手法

“手法”一词，在英文中称为Manner，还可以译为“技巧”或“技法”。就建筑创作来说，“设计手法”与“设计思维”既有着本质的区别，又有着密切的联系，设计理念是方案设计的基础，设计手法是实现设计理念的手段、技巧或技术，可以归纳为从外部环境、内部空间、整体造型、哲学思想等四个方面入手。

第一节　从外部环境入手

建筑物总是存在于某一特定的环境之中。而从微观来说，“环境”要受到建筑物所处基地周边的一切环境要素，包括地形、地貌、道路、广场、绿化、水体、现有建筑物、保存遗留物，甚至阳光、空气等的制约。从中观来说，建筑物要和它所处的城市环境发生关系。从宏观来说，建筑物要受到所处地区的自然环境和人文环境的直接影响和间接影响。“环境”这三方面的内容在作为设计条件的同时，也会对创作的构思给予某种启示，就看设计者是否能以敏锐的眼光捕捉到环境构思的灵感。因此，从某种意义上来讲，环境是建筑创作构思的源泉之一，是打开设计者创作“灵感”的一把钥匙。如果建筑物所处环境条件十分苛刻，却又很有特色，设计者若视而不见，那么，建筑创作就会成为无源之水、无本之木，也就必然设计不出具有独创性的设计作品来。

一、场地环境

许多有成就的建筑师历来十分重视建筑物与场地环境的结合，总是把场地环境构思作为建筑创作的首要出发点。

世界著名华裔建筑师贝聿铭有三个杰出的建筑设计作品：位于美国波士顿的约翰·汉考克大厦、华盛顿国家美术馆东馆和位于法国巴黎的卢浮宫扩建。三者虽然在设计表达上各不相同，但都是把基地环境中新老建筑的有机结合作为建筑创作构思的出发点，并在设计上加以重点解决的主要问题，取得了令世人称赞的美誉。

华盛顿国家美术馆东馆（图10-1）坐落在一块梯形的用地上，是西侧紧邻的美术馆西馆的扩建部分。贝聿铭从场地环境构思出发，着重解决如何将东馆与这块形状怪异的用地很好地结合起来。根据东馆功能的设计要求，运用一条轴线将基地分为一个等腰三角形和一个直角三角形两个地块。前者在功能上是展览馆，后者主要的功能是视觉艺术高级研究中心，并以等腰三角形的对称轴对准西馆东西向轴线。贝聿铭就这样天衣无缝地裁剪了这块棘手的梯形基地，并巧妙地使东西两馆整合为一个主体。其次，为了使东馆与国会大厦前林荫广场周边若干公共建筑巨大的、纪念碑式的尺度相呼应，贝聿铭基于地形的环境条件，对东馆的形式处理采取三角形构图，以极其简洁的体块和采用与西馆同样的田纳西大理石外墙材料，取得了整体上的和谐。

图 10-1　华盛顿国家美术馆东馆

二、自然环境

处在大自然中的建筑创作绝不能等同于在城市中设计建筑，其根本原因在于两者的环境条件大相径庭。我们只能将建筑物看成是大自然的一个组成部分，在设计及建造过程中要与自然和谐共生，不能凌驾于其上。这就需要设计者从宏观环境构思开始就把握好设计方向，处理好建筑物与自然的关系。只有这样，才会有好的设计作品问世，例如特吉巴欧（TJIBAOU）文化中心（图 10-2）。

图 10-2　特吉巴欧（TJIBAOU）文化中心

第二节　从内部空间入手

建筑的平面设计在本质上是对功能进行图示表达，又暗示了建筑空间的内外形态、建筑结构、整体系统等诸多的设计要素。因此，设计者千万不要将对解决建筑设计的功能问题看成是轻而易举的事，或者认为只要有一个建筑形式的框框就可以任意将其填塞进去的。设计者如果持有这种设计观念，就不会认识到平面构思在建筑创作中的独特作用。这是因为，我们曾反复强调过，建筑设计的诸多因素（环境、功能、形式、技术）是一个整体系统，不能将其中任一设计要素单独从系统中割裂出去思考。我们只能以某一设计要素为构思出发点，综合其他设计要素进行建筑创作。当然，这一建筑创作过程想必不会是一帆风顺的。因此，轻视平面功能设计，在设计观念上是对建筑设计本质的误解，在设计方法上也是失当的，作为建筑创作也失去了一种重要的构思渠道。

当我们抛开孤立看待平面功能的问题而将人纳入其中时，由此发现由于人在生理、心理上的个性差异性，人类行为方式的复杂性，以及人的需要多样性会导致平面功能设计并不是一件机械地配置房间的摆弄工作。更何况如果要将平面构思作为设计突破口，创造出新颖的建筑设计方案来，就必须要绞尽脑汁了。这就要求设计者在常规设计中解决平面功能关系的基础上，创造出独特的平面形式，并以此为立意开展构思工作。

一、功能空间

在建筑设计中，满足平面功能要求是建筑设计的基本目标之一。但这仅仅是屈从于因袭的现实功能要求而抛弃了创造性，充其量至多在平面形式上追求一些变化而已。

然而，功能问题实质上是反映人的一种生活方式，人的不同生活行为与秩序在不同类型建筑的功能要求中有着不同的体现，而人的生活模式不是一成不变的，随着社会的不断向前发展，科技不断进步，人们的生活方式也在不断发生新的变化。因此，我们不能只满足于把功能处理得较为完善和舒适，不能停留在能动地去适应功能的要求，在建筑创作过程中应该充分发挥其主观能动性，即将一种新的生活方式融入对平面的构思创作中。

例如，在旅馆建筑平面设计中，门厅曾作为纯粹的交通枢纽、办理入住手续、休息等候等功能场所。因此，为适应上述旅馆功能的要求，门厅平面设计一般面积不大，功能也不必过多，平面所反映的内部空间形态也较为紧凑。但是，这种国际式旅馆及其门厅的设计模式由于缺乏人性和激情，不能满足人们日益增长的精神功能要求，逐渐被人们所厌倦。直到二十世纪六七十年代，美国为了适应旅馆业的发展，复兴城市中心，建筑师波特曼在旅馆设计与开发中，从建筑平面构思上进行了大胆突破，创造出中庭这种多用途的中心功能区，它既能满足交通枢纽的作用，也可以是空间序列的高潮部分，具有多功能的特点，同时它能创造出令人产生情感共鸣的空间和氛围，从而完全颠覆了传统旅馆门厅的平面形态。当然，连同空间各要素戏剧化手法的运用，波特曼从此开创了旅馆建筑平面设计的新模式，且很快扩展到图书馆、博物馆、办公楼等各类公共建筑门厅平面设计，并风靡世界沿袭至今。可见，当由于生活方式的改变而推动功能发展时，从平面构思作为起点进行建筑创作不失为一条重要的渠道。

平面构思的精髓是改变过去一种生活状态，创造一种新的生活方式，这与简单地进行平面设计有着本质的不同。从建筑设计而言，前者是创新，后者却是模仿。

二、平面流线

流线处理是平面设计中对功能布局的科学组织和对人生活秩序的合理安排。尽管各类建筑的流线形式有简有繁，但都必须符合各自的流线设计原则。诸如：医院建筑流线应洁污分流，交通建筑流线应短捷通畅，法院建筑流线应避免各种人流交叉，厨房流线应遵照食物从生到熟的加工程序，博览建筑流线应符合展览顺序等。

在设计纽约古根海姆美术馆时，赖特的平面构思就是以“组织最佳展览路线”为理念的。他打破了传统组织展览路线的套路，而另辟新径：首先以一个高约 30m 的圆筒形空间为陈列大厅，周围层层挑台以 3%的坡度盘旋而上，圆筒形空间的外围直径由下至上不断增加，从底层的 30m 逐步增加到顶部的 38.5m。观众的参观路线可以先乘坐电梯到达美术馆的顶层，沿着 430m 的展览路线顺坡而下，从上而下没有被打断、一气呵成，这种方式可以保证观众的观赏情绪是连续的。这种展览方式与众不同，并由此又创造出别具一格的建筑形象（图 10-3）。当然，美中不足的是螺旋形盘道使观众总是站在斜坡上观看展品，而展品总像是被挂歪了一般。

图 10-3　纽约古根海姆美术馆

三、几何母题

在几何学中，最基本的几何形是方、圆、三角形，它们都是构图的基础。当它们被运用于建筑设计作为平面单元时，通过对它们进行一定秩序的组织，将多个同一或大小不等的几何平面单元组合变化、拼接生长，从而形成具有整体感和韵律感的建筑是平面新颖构思的产物。这种运用几何母题法进行平面构思有的是因功能而产生，有的是因环境而产生，有的是因分期建设的要求而产生，有的是在扩建中为保持新老建筑形成整体而产生等。但不管哪一种思路，都应使几何形在平面上的组合形式严谨、丰富而不呆板、不杂乱。为了进一步增强运用几何形母题进行平面设计的表现力，还可由此延伸到剖面、造型，甚至室内外环境的细部设计中重复使用同一几何形母题，以增强建筑整体的统一性，又不失变化有趣（图 10-4～图 10-6）。

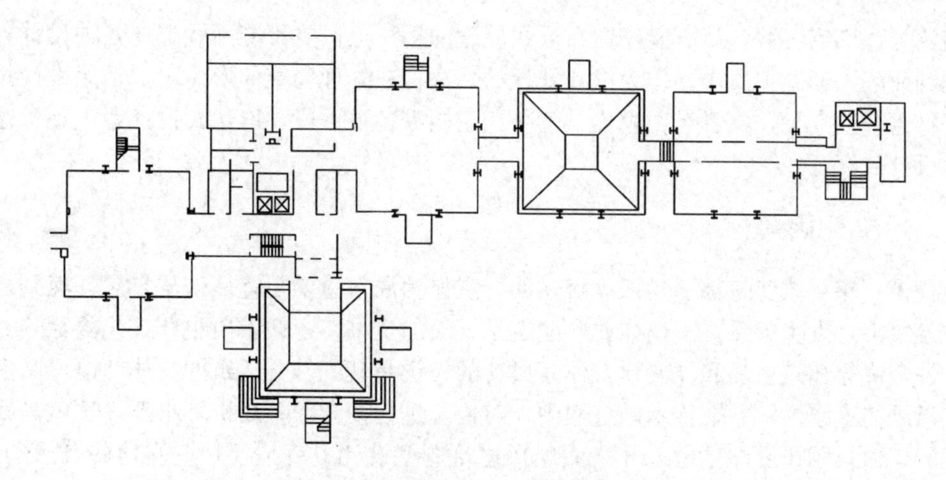

图 10-4　方形母题：某研究试验中心

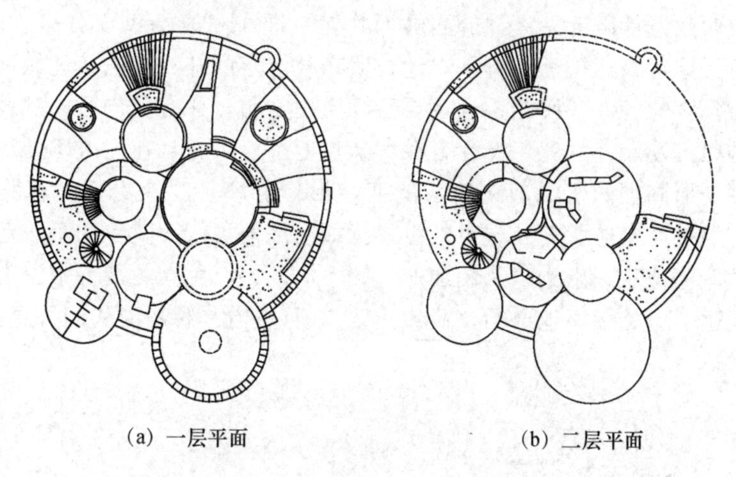

(a) 一层平面　　(b) 二层平面

图 10-5　圆形母题：某儿童图书馆

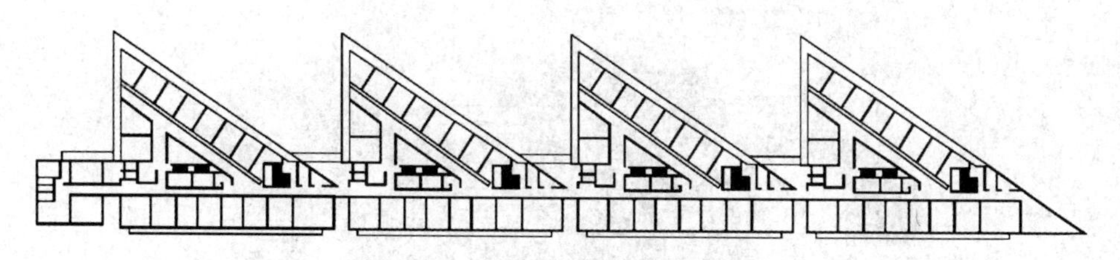

图 10-6　三角形母题：某办公楼

第三节　从整体造型入手

建筑设计的成果最终总是以建筑造型呈现在世人面前的，它与艺术作品不同之处在于，建筑物的造型要受到环境、功能、技术、材料、经济等综合因素的制约。同时，建筑造型本身又要符合建筑艺术的规律与美学原则。既然如此，设计者要想在建筑造型上标新立异、别出心裁，就不能停留在形式处理的手法上，更不能不顾上述各种设计条件的制约而陷入形式主义中。作为形式处理的手法，在处理建筑的形体时，运用设计技法来进行组合、变化，或者运用表皮、符号、建构等各种手段，以达到设计者主观意愿的造型设计目标。

一、文化因素

任何一座单体建筑都不是孤立存在的，它作为局部总要与整体（从自然环境到建筑群体及城市）发生关系。不仅如此，建筑是石头的史书，记载着历史、文化的足迹。因此，许多优秀建筑作品和经典建筑作品成功的关键是其既符合建筑的具体功能，又能体现其沿承的连续性，并在传承的过程中，对传统进行扬弃而不断推陈出新。这就是我们所说的，建筑创作要注重地方性。体现在建筑造型设计上就是要顺应当地的自然条件，反映地域文化的特征，尊重人们的生活方式，由此产生的建筑形式才能扎根于特定的地域之中，城市才不会因单调的建筑形式而导致面貌的千篇一律。

中国建筑西南设计研究院设计的西藏博物馆（图 10-7）造型充分融入了地域文化。西藏博物馆位于拉萨布达拉宫山脚下，地处罗布林卡东门外。无论从地域文化，还是作为文化，建筑都应与特殊环境相融合，要延续历史文脉，并有所创新，这就成为西藏博物馆的造型构思出发点。因此，设计者在大体量上进行操作，在主入口处适当增加曲尺形变化，其主要形制类似于佛教喇嘛塔的亚字形须弥座。观众沿室外直跑楼梯拾级而上，抵达设有外挑“台地”的二层主入口，犹如登高西藏依山就势的宗教建筑一般。此外，橘黄无釉琉璃顶、深出檐以及装饰的上繁下简、枣红色女儿墙饰带、毛面花岗石墙体等都充分表达了这是一座地道的“藏式建筑”，且透着一种新时代的气息。

图 10-7　西藏博物馆

二、隐喻与明喻

建筑中隐喻和明喻的设计手法来源于文学领域的象征和比喻，是一种修辞手法，由本体、喻体和喻义组成。本体指被象征和比喻的对象；喻体指用象征和比喻本体的事物；喻义指本体与喻体之间共有的相似性或类似性。建筑设计领域使用象征和比喻的建筑设计手法，同样具备本体、喻体和喻义。

使用隐喻的建筑设计手法创作的一流建筑作品寓象征意义于含蓄表述的建筑语言，朦胧、传神、内敛、耐人寻味，只可意会不可言传，不同的受众有不同的感受、领悟、理解和解读。使用明喻的建筑设计手法创作的一流建筑作品寓象征意义于直接表述的建筑语言，形象明确、直观、外露、一目了然，通俗易懂，雅俗共赏，不同的受众有基本相同的感受、领悟、理解和解读。两种类型的表述模式均可应用于不同的建筑类，既可应用于个案性范畴的特定建筑，如重要的纪念性建筑、文化建筑和宗教建筑等，也可应用于普适性范畴的普通建筑，如一般性纪念性建筑、有象征和比喻要求的公共建筑，甚至住宅建筑等。

1. 隐喻

林璎设计的美国华盛顿特区越战纪念碑，作为一座纪念性建筑，隐喻的建筑设计手法也许是最恰当，也是最难运用的建筑设计手法（图 10-8）。

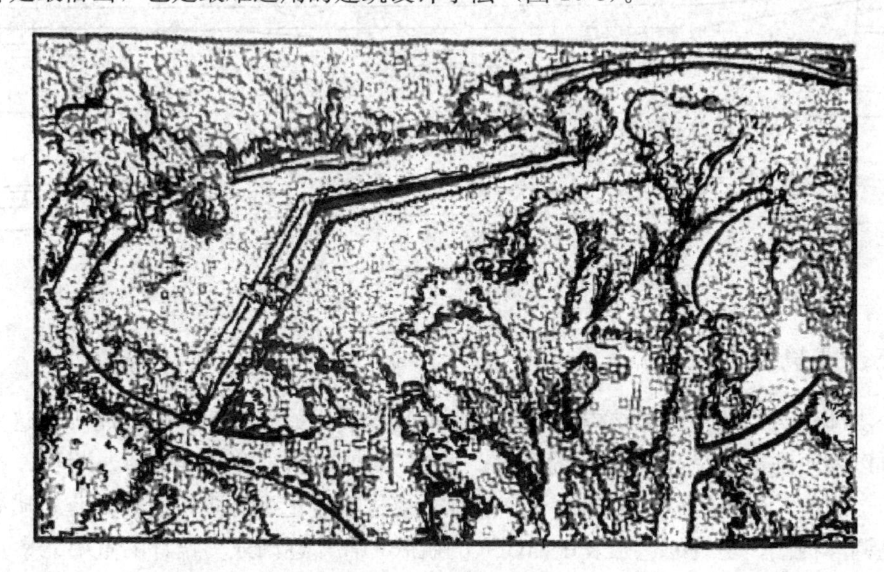

图 10-8　越战纪念碑

林璎的设计方案摒弃常规的高耸碑体及雕像的纪念碑建筑模式，采用凹陷的地面 V 形裂痕来隐喻战争所带来的伤痕，V 形裂痕外侧与原有地面标高一致，内侧地面标高由两侧至中间逐渐降低，形成内外侧交界处逐渐增高的 V 形墙体，墙体用黑色抛光花岗岩饰面，按阵亡或失踪时间顺序用相同大小的字母在镜面般的墙面上镌刻着 5761 位越战阵亡或失踪将士的姓名。越战纪念碑不同于传统的纪念碑模式，人们不只是瞻仰，而是进入其中，可以接近，可以寻找，可以抚摸，可以借此寄托哀思。林璎的竞赛说明：“纪念碑不是一个永恒的纪念物，而是一个动态的组成，这可以理解为我们的进出，通道本身是有坡度的，越向前行动速度越慢。”评委会的评语这样评价林璎的设计方案：“在提交的所有构思中，这一份最清晰地符合设计的精神和形式的需要，已是经过深思熟虑的，把参观者从周围城市的喧闹与交通中解放出来。它的开放性质鼓励了各个方向各个时间段内的参观，没有障碍，它的位置和材料是简单而直接的。”

2. 明喻

1956年环球航空公司委托沙里宁设计候机楼是因为赏识他设计的密斯风格的密歇根州沃伦通用汽车公司建筑，但是，接受此项委托时，沙里宁已经抛弃了密斯风格。沙里宁宣称，他的目标是“为环球航空公司创造一个‘独特的、令人难忘的’标志性建筑……激起人们对航空旅行特有的刺激感和兴奋感。”他成功地实现了这个目标，候机楼还没有建成开放，赞誉之词已经遍布各大建筑杂志。这个构思奇特的候机楼，平面类似曲线构成的V形，候机楼的屋盖由四片钢筋混凝土薄壳组合而成，支撑在四个曲面形态的Y形墩座上，沿曲线构成的V形平面左右伸展逐渐升高的两片大薄壳与前后两片较小的薄壳组合成一个整体，四片薄壳交接处是采光天窗。

环球航空公司候机楼是使用明喻的建筑设计手法创作的经典建筑作品，明喻展翅欲飞的大鸟或飞机，直白表述毫无含蓄，一看便知，没有歧义不致误读，所以建成后雅俗共赏，颇受欢迎（图10-9）。

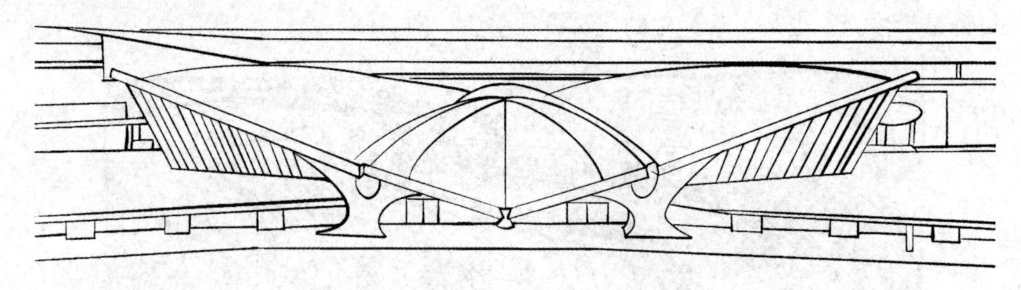

图10-9　纽约环球航空公司候机楼

三、建筑表皮

表皮即建筑物的外围护结构。它最初由材料构成，如夯土墙、竹篱棚等，这些自然的材料以物质的形态呈现出自然的秩序。只有当建筑逻辑从材料选择、制作、技术运用、细部构成，到最终赋予情感的整个过程，使材料转化为材质，使其具有了质感、肌理、色调等特性。建筑的这张表皮如同人的肌肤一样才逐渐成为设计的重要元素。

最初的基本材料有木材、砖石、混凝土以及玻璃、金属等，随着科学的发展，新的材料不断被开发出来，更是形成了各种各样的合成材料。现在相当流行的聚四氟乙烯薄膜（ETFE）是其中最有代表性的。我国的国家游泳中心——由澳大利亚PTW建筑师事务所等和中建国际（深圳）设计顾问有限公司设计的水立方（图10-10）就是采用了以聚四氟乙烯为材料的超稳定有机物薄膜作为表皮。表皮边界固定在铝合金边框上，中间充气形成气枕，将气枕单元再固定在多边形结构构件上，最终形成“水泡”样式的表皮外观。这样建筑在白天可以获得明亮而柔和的自然光线；在夜晚使用灯光照射，建筑形成了晶莹朦胧的整体效果。

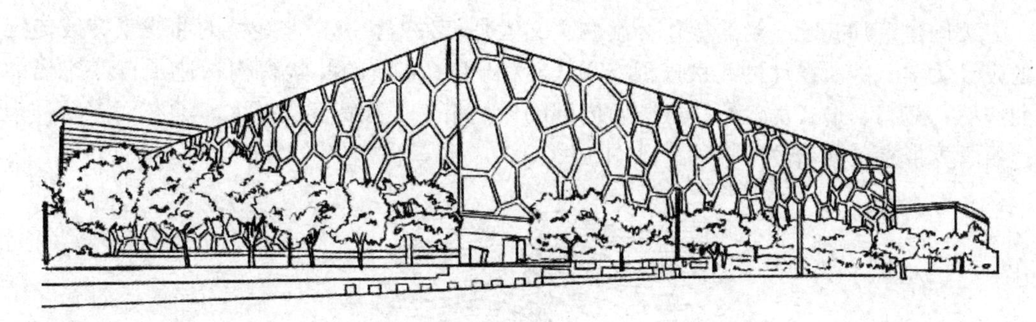

图 10-10　国家游泳中心——水立方

第四节　从哲学思想入手

哲学本身是研究关于自然、社会和思维的一般法则的科学，在建筑创作领域可谓建筑哲学。实际上，每一位设计者都是以某种哲学观（宇宙观、世界观、人生观）的理念，如辩证观、唯心观、审美观等来指导自己的建筑创作，只是我们常以习惯的思维方式进行设计，并没有意识到哲学观点影响的作用。如果我们将构思出发点改为哲理，就是说有意识地在设计之初就确定一种理念，并将这种理念上升到理论层次，以这种哲学观点为立意，那么最终在一座看似平常的建筑物能蕴含深层次的哲学理念。

一、新陈代谢派

黑川纪章在他的建筑创作生涯中一直坚持两点哲理：一是表现建筑的时代精神，致力于生物体的生命和生命系统的角度来进行表现，即新陈代谢与共生哲学；二是坚持佛教哲学，即无常思想。日本文化的根认为建筑和城市总是一直变化着。黑川纪章这一哲理的代表作是中银舱体楼，是一座集合住宅，由 140 个正六面舱体组成，这些舱体悬挂在两个内设电梯和管道的钢筋混凝土井筒上分 10～12 层。所有舱体的结构都是一样的，所有的家具和设备都是统一单元化的，由工厂预制，现场组装。充分体现了黑川纪章认为建筑可以改变并重新生成以适应未来和建筑形式能够按照使用空间的方式来改造的思想。

二、解构主义

解构主义建筑即是将过去处于稳定框架内的建筑结构进行颠覆，以新形成的混乱、无序的构造来彻底改变传统建筑的形象。他们声称，解构主义流派并不存在，解构主义建筑理论只是基于现代解构主义建筑的哲学述评主义建筑的思维方式，基于建筑构成主义而形成的一种建筑表现形式。

建筑创作需要以建筑形态作为设计理念的载体。解构主义对建筑不同程度的消解与重构构成了具有不同形式和造型的解构主义建筑。解构主义建筑的表现形式的多种多样，代表了建筑师在设计创作中多样的情感表达，正是这些多样的创作手法和理念，推动解构主义在现代主义建筑的发展中越走越远。常用手法有扭曲、曲线、倾倒、破碎等。

英国建筑师扎哈·哈迪德作为解构主义大师，最擅长利用非线性的曲线来突破传统的设计美学。她所设计的北京银河 SOHO 就利用了和谐的叶状解构营造了自然流畅的曲线感，充满了形式美。给身处建筑内部的人们带来了独特和震撼人心的空间感受，为建筑学界带来了崭新的解构理念（图 10-11）。

图 10-11　北京银河 SOHO

三、中国堪舆哲学

以清华大学吴良镛院士为首的创作集体所设计的山东曲阜孔子研究院（图 10-12）是真正融入了中国人“意匠”的设计哲学。设计者不仅是在设计一群建筑，更是在创造一种意境，追求一种高品位。这就是从城市设计出发，借鉴风水说的一些哲理，将孔子研究院五个不同功能部分结合地景创造，总体布局采用按“九宫”格式，充分体现了中国上古宇宙图案或空间定位的图式。针对建筑的创作构思则是受到古代礼制建筑的启发进而寻找隐喻关系，如考证“明堂辟雍”属“礼制”建筑而确定孔子研究院为纪念性建筑特征。以孔子时代建筑“高台明堂”为原型将孔子研究院立于高台之上，可隐喻筑高台以招贤纳士之意。而中心广场采用“辟雍”形式，可体现儒学“礼”“正”“序”思想的最佳体现场所。甚至室内外环境设计的雕塑、壁画等装饰都围绕表征孔子的形象符号进行深化，如“凤凰”“玉”“论语”典故等，各种借鉴、隐喻的设计手法创造出充满祥和文化气息的“欢乐的圣地感”。

图 10-12　山东曲阜孔子研究院

第十一章　建筑方案设计

第一节　建筑策划与建筑设计

一、建筑策划的意义

建筑活动大致可以分为9个阶段，即策划、规划、设计、施工建造、安装装潢调试、试运行、评估、验收和交付使用。

建筑策划是整个建筑开发过程中的最基础的部分，也是长期以来被忽略的部分。建筑师被动地按照任务书进行设计，但这个任务书常常没有经过科学论证，缺乏合理性。策划是明确设计任务、科学决策的阶段。

策划是一个广义概念，通常有投资策划、商业策划等。建筑策划是指在建设项目的目标设定后，对实现目标的方法、手段、过程和关键点进行研究，提出设计任务书的合理意见，制定和论证设计依据，科学地确定设计内容，从而获得定性或定量的结果来指导下一步的建筑规划和设计的阶段过程。譬如说，开发选择哪个地块？在这个地块上是盖一幢还是盖两幢？建筑物的定位是什么？服务什么样的人群？采用什么样的标准等，这些问题相对于建筑设计无疑更重要，建筑策划是在工程立项过程中及工程立项后的规划设计过程中提出符合逻辑的科学设计依据。

因此，为建筑而进行策划就是建筑策划的目的，使建筑密切联系基地、气候、时代和社会发展；为使用者当前及将来潜在的使用提供相应的功能服务，不仅为使用者和建筑师创造价值，同时希望可以为社会创造精神价值，在一定程度上也可以启发消费者，更能够为消费者进行策划和设计出一种新的生活方式，从而有力地推动建筑业的发展。所以建筑策划应该体现目标、现状、市场的需求以及社会的价值观。

二、建筑策划的内容

1. 协助业主选择基地

目前住宅开发用地一般都是通过市场拍卖竞争而得到的，开发商在参与竞争之前一定会邀请一些专业人士进行商讨或进行个别咨询，这时作为一名从业的建筑师有责任也有义务协助业主分析地块、所处地段及地域的现状、周围的自然条件、城市的交通条件及人文环境，以及基地的大小、形状、地面地下及上空的诸种情况，协助业主比较合理地选择和确定基地。

2. 协助业主制定任务书

目前，大多数的“策划”和设计基本上是同步进行的。业主能够给建筑师的“策划信息”是很少的，设计任务书也是极为简单的。那么在设计开始进行之前，建筑师和业主就设计所需要解决的问题而进行讨论，形成一个好的建筑策划，并为设计提供相应的依据，完善和充实设计任务书，列出空间要求、房间面积大小等，这时建筑师应当积极地根据国家有关规范和要求以及本人之经验，向业主提出建议，直接与业主（尤其是决策者）进行有效的交流沟通。这种方法一般可以产生有效的策划决策并能令业主满意。这样培育了建筑师和业主和谐的设计合作氛围，不仅共同完善了设计任务书，而且能够促进交流和互补互动，有利于提高设计质量。

总之，建筑作为一门艺术，不仅要满足人的物质需求，而且应在某种程度上营造新的生活，为人们的生活环境营造一定的艺术气氛。在建筑史上，不管是罗马式的还是哥特式的，不管是文艺复兴时期的还是新艺术运动时期的，不管是现代主义的还是后现代主义的，其所围绕的中心离不开建筑的艺术。因此，对设计策划者来说，要善于认真发现业主和使用者欣赏什么，业主和使用者的传统是什么，业主和使用者的价值观是怎样的，并最终在策划设计方案中把这些都尽可能地体现出来。

第二节　场地设计与总体布局

建筑与土地是联系在一起的，没有土地就不能建造房屋。因此，每一项工程建设，都有一块建设基地（即用来建设之地），我们也称它为场地，即规划和建设的场地。这块场地如何安排、使用，以充分发挥它的土地效益，最佳地布置好建筑物及其相关的辅助设施，组织好内外交通关系，创造宜人的建筑环境，这就要对场地进行总体设计，这是建筑师从事建筑设计首先要设计的内容，因为任何设计都应该是从总体规划设计开始的。

一、场地设计

1. 自然条件

（1）地形和地貌

基地的形态特征是地形和地貌。它是指地形的起伏、地面坡度大小、走向以及地表的质地、水体、植被等的情况。在规划和设计的过程中应以因地制宜为原则，尽量适应和利用地形。相比于推平地形再建设而言，这样设计既保护了生态环境又节约了土方工程造价。同时复杂的地形，对方案约束力和影响力增强，如建筑如何布局、交通怎样组织、主入口位置选择，以及是否设置广场与停车场等，设计者合理利用场地特色，将场地与建筑看成一个有机共生的整体，更有利于激发设计构思，生成优秀的方案。五种突出的地形分别为平原、高原、丘陵、盆地、山地，在局部地区可细分为山坡、山谷、高地、冲沟、滩涂等（图 11-1）。

（2）地质与水文

场地设计时，要查阅基地的工程地质勘察报告，对场地的地质和水文情况有一定了解。场地的地质包括地面以下一定深度土的特性、基地所处地区的地震情况以及地表水体及地下水位的情况等。这些因素对建筑物选择布局位置，建筑物的形态体量和建筑物

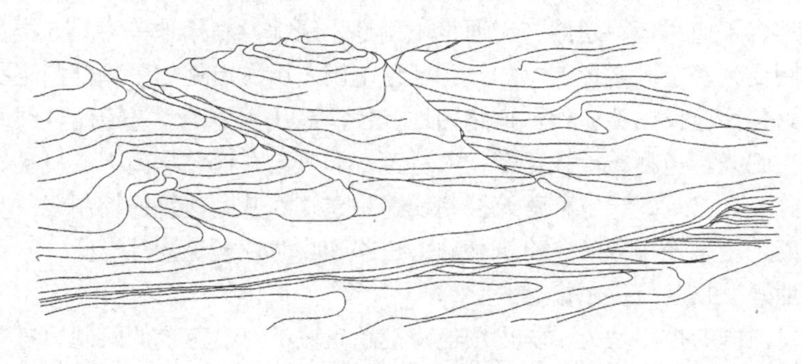

图 11-1　地形图

的造价等都有一定的影响。同时，还须考虑基地的地震强度及消防的要求，它影响着建筑物体量及结构方案的选择。

（3）地区气候条件

建筑物设计的重要依据之一是气候条件。可以影响场地设计的气候条件有很多，例如日照、风向、降水、温度等，其中可以用风玫瑰图来表示风象特征，包括风向与风速。我国各城市区域均有相应的风玫瑰图（图 11-2），在建筑设计过程中提供气象依据。日照是表示能直接见到太阳照射的时间的量，日照标准是建筑在冬至日或大寒日当天的最低日照时间要求，具体与建筑物的所在位置、使用性质和使用对象有关。气象环境决定了建筑物所承受的风、雪、雨的荷载以及冷热温度，这些因素对建筑物的基础结构、整体结构、布局形式、平面形态、开窗大小等都产生直接的影响。一般建筑物布局在寒冷地区宜采用封闭的集中式布局，为了有利于冬季保温而减少其体形系数，在炎热地区宜采取开敞的分散式布局，有利于散热和自然通风。

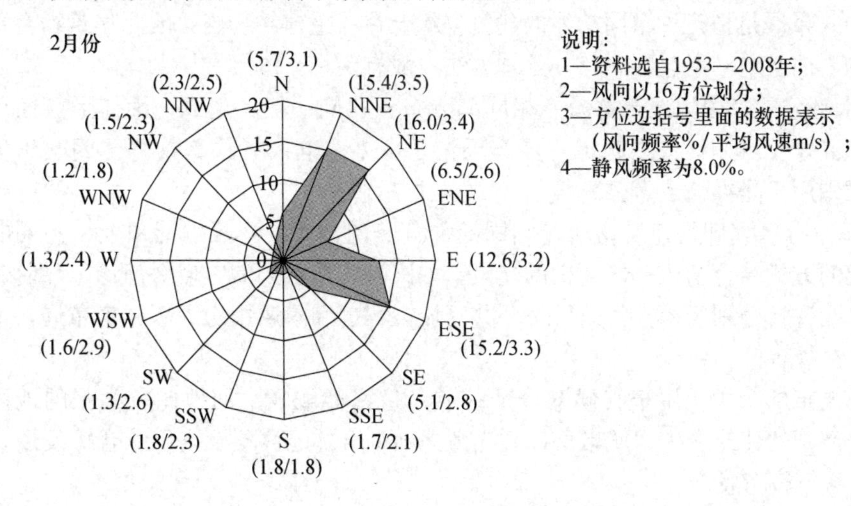

图 11-2　风玫瑰图

2. 建设条件

（1）场地用地性质与范围

建筑设计都是在城市规划、分区详细规划或控制性规划的控制下进行设计。城市用地性质是在上位规划中确定好的，它分为居住用地、公共管理与公共服务用地、商业服务业设施用地、工业用地、道路与交通设施用地、绿地设施用地等，共8类。

用地范围受到多个因素影响，如：①征地范围。由城市规划管理部门根据城市规划要求而划定，包括建设用地、代征道路用地、代征绿化用地等。②道路红线是城市道路用地的规划控制线，包括城市绿化带、人行道、非机动车道、隔离带、机动车道及道路岔路口等部分。③建筑红线也称建筑控制线，是建筑物基底位置的控制线。从道路红线后退一定距离，用来安排台阶、建筑基础、道路和临时性建筑物等设施。

（2）场地开发强度与技术指标

场地开发强度的控制是为了防止场地建设超出城市建设容量的限制，避免对周边地块产生不利影响。

基地用地强度的相关技术指标，如：①建筑密度是指在一定用地范围内，建筑物基底面积总和与总用地面积的比例；②容积率是指在一定用地及计容范围内，建筑面积总和与用地面积的比例；③绿地覆盖率是指在一定用地范围内，各类绿地总面积占该用地总面积的比例；④建筑限高：城市规划部门对某个基地建筑高度往往提出限定要求，其原因主要有以下几种情况：航空高度的限制、城市空间规划的要求、高压线下的建筑高度限制、城市历史文化地段对新建建筑高度限制等。

二、总平面设计

1. 建筑布局

建筑总体布局根据建筑物不同的功能要求、基地条件、设计手法产生集中式、分散式、单元组合式及混合式等多种方式。

（1）集中式布局

集中式布局是把几种不同功能的建筑物组合在一幢建筑物内，因此建筑物会形成比较复杂的平面及空间组合形式。其处理方法一般有两种：

① 水平分区，即把建筑物功能相同部分布置在同一层，组成一幢体形较简单的建筑物。如商业综合体，大型超市与停车场位于地下空间，餐饮购物等休闲娱乐位于裙房，塔楼则用于是办公或者公寓等。

② 垂直分区，即把建筑物功能相同的部分竖向分布，形成功能单元，不同的单元通过一定的方式结合组成一幢复杂的建筑。如医院，在不同的区域对门诊、住院、辅助医疗等单元进行分别组织，宾馆可按公共区域、客房和附属用房等部分来布局，也可结合两种方法处理。

集中式布局一般适用于气候寒冷地区或人口密度较大、用地比较紧张的地段。目前，某些类型的建筑在大中城市可以适当考虑向综合体、高层及高层综合体发展，如宾馆、办公楼、商务楼等。

（2）分散式布局

分散式布局是把建筑的各个组成部分建成多幢单独的建筑物，分散布置。如医院可按门诊、各科的病房、辅助医疗及管理供应等部分单独建造。

这种分散式布局的优点是不同功能部分的建筑物之间干扰较少，布局相对灵活，对复杂的地形有一定的适应能力，容易紧密结合自然环境，可以保证每个功能部分的朝向、通风、景向和绿化条件都能得到较好的实现，同时有利于分期建造。但是它也有占地面积大、用地不经济的致命缺点，露天的连接方式在使用上不够方便，建筑交通等辅助面积占比大，在建筑设备及公用设施上的投资也会无形加大。因此，要酌情采用这种分散式布局。

(3) 单元组合式布局

单元组合式布局是把建筑物的各个组成部分布置在各个独立的单元中，各单元之间用廊子或垂直交通空间彼此连接，形成一个整体。它是介于集中式和分散式之间的一种布局方式。根据功能和具体条件单元组合式布局可以运用灵活的组合方式。在使用上比分散式更简便，可以减少集中式布局容易相互干扰的现象。它不仅保证各个部分的相对独立性，而且连接比较简单。各部分由连接体连接，便于分期施工。由于廊道的增加，建筑投资虽然高于分散式，但比分散式节约用地，还可以降低室外工程管道和道路的建设成本。

(4) 混合式布局

混合式布局是以上几种布局的综合应用。一般最常见的是分散式与集中式的混合，或分散式与单元式的混合。采用分散式与集中式的混合时，主要建筑物按集中式原则布局，次要建筑物按分散式布局。采用分散式与单元式的混合时，主要建筑物按单元组合式原则布局，次要建筑物按分散式布局。混合式布局既集中又分散，而以集中为主，兼有集中式与分散式的优点，适用于建筑规模较大、功能要求较复杂的建筑群体设计，如医院、宾馆等建筑群体。

以上总体布局方式的选择主要根据基地条件、自然环境及建筑物的性质决定。一般来讲，集中式的布局方式多用于城市，如办公楼、宾馆、影剧院、商场、综合楼等，分散式多用于郊区、农村。游览性建筑、疗养性建筑等一般布置在风景区，故采用结合地形的灵活自由的分散式布局，充分融于自然。以上布局方式仅是形式上的分类：建筑物各个组成部分在平面、空间组合中集中或分散程度上的差别，并不反映各类建筑总体布局的本质特征。

在这些布局方式中，按照它们在总体艺术构图上的特点，每一种布局方式又可分为不对称和对称、开敞和封闭（半封闭）以及自由和规则等构图方式。对称的构图方式有一条明显轴线，主要建筑物或建筑物的主要组成部分以及总体的主要出入口一般布置在中轴线上，在中轴线两侧可以对称布置建筑物、道路、绿化等。这种对称的构图方式形成完整的图案式构图，容易取得统一的效果，给人以庄严肃穆的感觉，整体感较强；但是在地形起伏和不规则的情况下较难布置。不对称的构图也有一个以主体建筑为主的明显构图中心，在两侧不对称布置其他建筑物、道路和绿化等。这就可以结合不同的地形和地域条件灵活布置，取得活泼自然的构图结果，避免了刻板的构图形式，也有局部对称的构图方式，一般表现在主要部分采用对称的构图方式，而其他部分采用不对称的构图方式。根据建筑的性质以及周围环境而决定怎样选择对称或不对称构图方式。一般如要求庄严肃穆的办公楼、纪念性建筑等，可取对称式构图；而要求活泼亲切的俱乐部、学校、旅馆等，可取不对称式构图；周围环境规整采用对称式，复杂的自然环境中采用不对称式。此外，对于任何布局方式来说，总体布局都要有一个中心。一般群体布局中心选择主要建筑物或同类型中体形较大的建筑物，如中小学校的礼堂、教学楼等，大学校园中的图书馆、礼堂及中心教学楼等，它们是这组建筑群中使用者的活动中心。在一组建筑群体中只有一个主要中心，既是主要的活动中心，也是整体构图的中心。

2. 道路交通

道路交通的作用，一是建立场地与城市的连接，使该建筑融入城市体系之中；二是联系场地内各功能部分，使各个部分成为一个有机的整体。道路交通系统包括三个组成要素，即场地出入口、场地内部道路和停车场。

（1）场地出入口设置

出入口的位置是根据外部人流来向、场地组织、建筑内部功能要求、规范要求、设计理念等因素进行设计的。场地出入口选择要结合外部条件和内部功能要求进行合理分析，只有同时满足内外条件，场地出入口的选择才能被认可，同时还应满足规范要求。为保证城市道路的畅通，减少交通事故，场地主要出入口应与道路红线交叉点的净距在70m以上。即使场地不在大城市主干道，场地主入口也要尽量远离交叉路口设置。

出入口个数设置是根据场地大小、建筑规模来确定的。在规模较大的工程中，根据不同人流来向，设两个以上出入口确保安全。公共建筑的场地，如体育馆建筑、宾馆建筑、商业建筑等，应至少设置两个出入口。根据内部使用流线，一个为主要出入口即正门所在，另一个为辅助出入口或服务出入口。场地的主要出入口要能方便地通达主体建筑物的主要出入口。学校、医院、宾馆等常常都由多幢建筑组成，本身就是一个建筑群体，出入口的设置要充分考虑内在的功能要求或特殊的要求。大型的公共建筑如体育场、体育馆、展览馆等通常都设置多个出入口，以满足不同的功能和消防疏散要求。

（2）场地内部道路设置

场地内的道路可设置车道及人行便道，以将车流和人流分开，并根据它们的人流、车流确定适当的宽度。行驶小汽车和小型载重汽车的单股车道宽度一般采用3m；行驶公共汽车、中型载重汽车的单股车道一般采用3.5m；双车道的道路至少为6～7m宽；消防车道可设单股车道，宽度不小于3.5m；人行道一般采用1.5～3m；汽车的最小转弯半径参照中华人民共和国行业标准《车库建筑设计规范》（JGJ 100—2015），如表11-1所示，可供设计参考。

表11-1 汽车的最小转弯半径

车型	最小转弯半径 r_1（m）
微型车	4.50
小型车	6.00
轻型车	6.00～7.20
中型车	7.20～9.00
大型车	9.00～10.50

（3）停车场设置

停车场地又称为静态交通，停车包括地面停车、地下停车和地上停车。停车场的面积大小是根据建筑性质及建筑规模决定的。一般可依据规划要点及相关法规决定。办公建筑、商业建筑及体育建筑、展览建筑等不同类型的公共建筑都有不同数量的停车要求。一般按1000m^2提供多少车位为指标。住宅区一般是以居住的户数为基数，根据住宅区的标准而选定。经济适用房住宅区可以小一些，高级住宅区可以达到100%。豪华别墅区更高，可以达到和超过100%～120%，因为有的家庭不止有一辆汽车。

3. 室外场地

人的生活不仅需要室内空间，还需要很多室外活动，住宅也不例外。户外空间对于任何建筑设计都是必不可少的。室外场地与建筑物相辅相成，是整体布局中的重要要素之一。虽然不同类型的建筑需要不同的室外场地，并根据不同的用途进行划分和组合，但室外场地的总体布局仍有一些共同的特征和规律。根据不同场地的不同使用目标，建筑物的室外场地可以划分为下列几种类型：

（1）室外集散场地

建筑物一旦落成，门前进进出出，就在室内外之间形成人和车的流动。当建筑沿城市道路建造时，需要后退适当距离，在建筑物主入口前形成集散场地，作为人流、车流交通和疏散的缓冲地带。集散场地的大小视建筑规模、性质及地段条件而定。因人流、车流量大而集中、交通组织复杂，大型公共建筑物（如车站、体育馆、剧院、医院、图书馆、博物馆等建筑），需要较大的集散场地。这里，还要特别提出小学校主要入口前一定要留有足够的集散场地。因为家长接送的情况非常普通，交通工具多样且私家车越来越多。因此，主入口前要有足够的场地，以免堵塞城市交通。

（2）室外活动场地

人的行为活动并非全部发生在室内，大量的建筑室内活动都需要有相应的室外活动场地，它们与室内使用空间相辅相成，互为补充。根据建筑物使用性质的不同，其室外活动场地有些是有明确规定的，如体育建筑与学校建筑，其运动场和球场的设置要求，包括数量、大小、朝向、方位和间距等都有规范要求。另一类则是弹性的，没有严格限制，如住宅区的人际交往场地，公共建筑设计中的室外社交、休息、活动场地等。它需要建筑师在必要的公众行为、心理调查和预测的基础上做出精心的安排。室外活动场地与室内空间有着密切的联系，设计者对这一点必须予以充分注意，如住宅区的室外儿童活动场地与住宅楼室内空间要有必要的照应关系。幼儿园、中小学校等需要有相应的室外活动场地。特别是幼儿园，每个班的教室都要有一个相应的室外活动场地，而且要朝南的，要有充分的阳光，这对于增进儿童的身心健康有积极的作用。

（3）室外服务性场地

服务性场地一般与建筑的后勤服务部分相对应。例如，为主要建筑功能服务的锅炉房、冷冻机房、洗衣房、厨房和仓库等，它们一般都需要相应的室外场地以供物质运输，堆放燃料、杂物之用。服务场地作为室内作业的准备场地一般布置于建筑物背部或其他较为隐蔽的地方。它一般需要单独的出入口，即服务性出入口。需考虑避免烟灰、气味、噪声等因素对主体建筑空间及周围环境的不良影响，因此这类场地常常置于基地的下风向，并与主体建筑有相应的隔离措施。

4. 室外绿化景观

场地绿化景观是为了美化环境，布置室外休闲场所，如学校、医院、酒店等公共建筑，应有供人们活动休闲的绿化场地和景观。场地中的绿化设施所起的作用是多方面的。首先，绿化是场地功能载体之一，园林绿化是使用者进行室外活动的必备设施。例如在居住区中，居民的户外休憩娱乐活动主要就发生在绿地花园中；医院、酒店建筑内的花园设施也是供人们休息、驻足和游玩的。这些室外活动是使用者室内活动的必要补充，也是场地设计中不可或缺的一部分；其次，绿化同时有净化空气的功能，可以消耗人们呼出的二氧化碳，释放出人们需要呼吸的氧气；同时，绿化还可以减少城市大气中的硫化物及其他有害气体的污染；还具有吸尘、降低城市噪声的功能。在夏天，还可以起到调节小气候和遮阳的作用。另外，绿化景观能美化环境，增强建筑物层次感和自然情趣，净化人们的心灵。

在场地绿化景观设计中，往往会在场地的主要出入口、广场、庭院等一些重要显眼的地方摆放灯柱、花架、屏墙、喷泉、雕塑、亭台楼阁等建筑小品，它们在具有一定实用价值的同时也具有美化建筑环境的作用。运用装饰性小品，可以突出建筑的重点，突出总体布局的构图中心，起到空间的组织、联系和点缀的作用。

第三节　建筑平面设计

依据使用性质的不同，将建筑的平面设计分为主要房间、辅助房间以及交通枢纽空间。

一、主要房间

主要房间的定义为在一栋建筑内与主要使用功能联系最为密切的房间，比如住宅的起居室、卧室，博物馆内的陈列厅，电影院内的放映厅等。根据使用性质的不同，主要房间的平面设计要求也不一样。

1. 主要房间分类

根据不同类型建筑的主要使用功能，可将主要房间分为以下三种类型：生活型房间——住宅起居室、卧室、旅馆客房等；工作学习型房间——办公室、教室、实验室等；公共活动型房间——剧场观演厅、公共活动室等。

2. 主要房间的功能要求

（1）满足房间使用特点的要求

由于房间使用性质的不同，房间的平面设计相应地要有不同的形式，居住者也对房间会产生多种功能需求。例如学校宿舍的居住群体为学生，特点为居住时间长，房间设计要考虑满足使用特点和放置用品的需要。旅馆的居住者多为临时而且流动性大，客房设计要考虑其使用要求。

（2）满足室内家具、设备数量的要求

不同房间会有不同的家具和设备，设计时要考虑家具的摆放，同时还必须满足家具使用所需的空间尺寸。

（3）满足采光通风的要求

不同性质的房间会有不同的采光要求。在满足采光要求的前提下，还要考虑房间通风。

（4）满足室内交通活动的要求

不同用途的房间，交通活动面积的差别也较大。

（5）满足结构布置的要求

尽可能做到结构布置合理，保证施工便利。

（6）满足人们的审美要求

室内空间大小适宜、比例恰当、色彩协调，使人产生舒适、愉快等感受。

3. 房间平面形状

平面的形状首先必须符合功能使用的要求，除此之外，使用者在建筑内外的感官体验也要得到满足，包括建筑整体造型与周围景观等。使用中如果没有特殊要求，通常以矩形作为平面设计的基础形状，由于矩形规整的特性，其对使用者活动更加方便，家具布置要在使用上更为便捷，结构施工也较为方便。

（1）功能使用决定房间平面形状

通常，房间的形状以矩形为主，例如住宅内的各类房间、办公室、旅馆客房等。

（2）地形和朝向影响房间平面形状

为了争取朝向或者为了适应地形的需要，可以采用灵活的平面形状。

（3）立面造型对房间形状的影响

为了满足一定的立面造型需要，可以对内部房间的平面形状进行适当变形，使用非矩形平面。例如有一旅馆整体上为两个三角形组合而成的造型，为了配合这一整体造型，对端头房间平面进行了变形，使用了非矩形的平面。

（4）房间长宽比例的确定

矩形不同的长宽比例会让使用者产生不同的使用体验和心理感受，也会影响家具的排布方式。出于节能节地的需要，通常矩形房间的进深要大于开间，进深和开间常常采用接近于 3∶2 的比例。由于特殊情况而采用的狭长形房间，可以通过改变开门的位置来改善使用中的不便。

4. 房间平面尺寸

一个房间平面尺寸的确定受多种因素综合影响，其中主要制约因素是房间内的家具、人体的尺寸以及交通面积的影响，尽量扩大主要空间的使用面积。主要房间平面尺寸的确定方法有很多种，下面以实例来示范。

（1）排布计算法

排布计算法适用于使用人数较为确定的房间。综合考虑人体活动、交通面积等因素，对房间内家具进行排列布置，以此来确定房间的平面尺寸。

一些使用人数少并且规模较小的房间，比如卧室、办公室等，房间的平面尺寸主要根据家具的布置来确定，并要考虑结构的经济性。

以一间卧室的平面尺寸的确定为例来说明。家具和使用人数成正比关系的房间。例如：中小学教室的一人一椅或两人一椅，影剧院的一人一座，通过排列计算，确定房间尺寸。下面以一间中学教室的平面尺寸的确定为例来说明。

中学教室的基本使用要求如下（图 11-3）：

第一排座位距黑板大于 2m；

第一排边侧学生看黑板远端的视线与黑板水平夹角不宜小于 30°；

最后一排学生距黑板的距离不宜大于 8.5m；

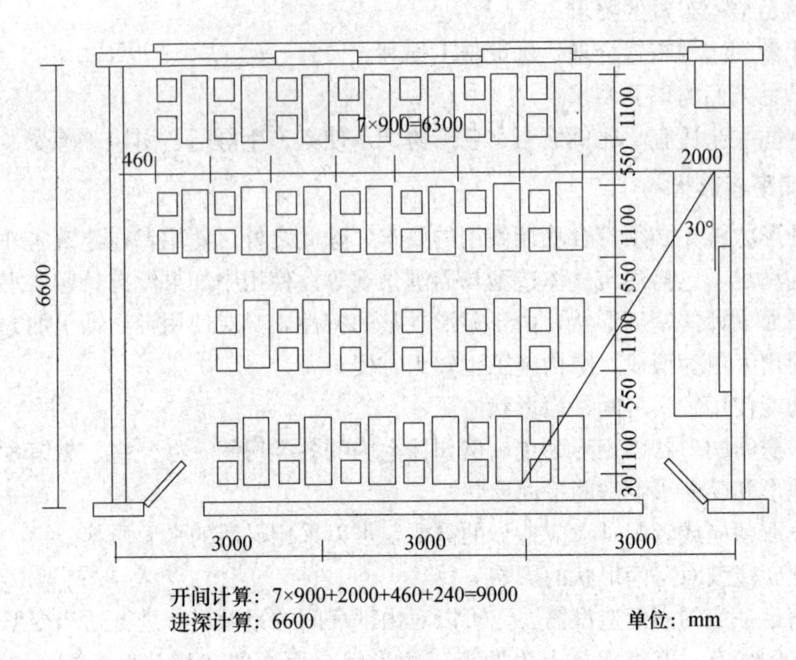

图 11-3　平面尺寸图

桌椅排距为 900mm，桌椅纵向通道宽度为 550～650mm。

（2）分析计算法

有一些房间并没有固定的使用人群，例如营业大厅、休息厅等，相关规范中往往会给出面积定额指标。设计中需要根据定额指标，辅以实际调研来确定人数，进而得出房间的平面尺寸。

常用的面积定额指标：

公路客运站候车厅：1.10m^2/人（按照最高聚集人数计算）；

超市自选厅：1.35～1.70m^2/人；

电影院休息厅：0.1～0.7m^2/座。

5. 门的设置

门的数量、宽度、开启方向、位置是在一个房间设置门时需要考虑的因素。门的数量与宽度受到功能、房间与设备的尺寸、承载人数及疏散条件等要素的约束。

依据建筑防火要求，房间容纳人数超过 50 人或者面积超过 50m^2 时，必须要设置至少 2 个门。在消防安全上，对疏散时间有要求的建筑（例如观演建筑），其门的数量要求较多，具体数量及宽度要求请查阅相关资料。

常用房间门尺寸如下（单位：mm）。

（1）居住建筑

入户门宽：900，1200；

房间门宽：900；

厨房门宽：800；

卫生间及储藏室门宽：700。

（2）公共建筑

教室、会议室等门宽：1000～1200。

门的位置与开启方向应与家具的摆放相协调，并且减少人员行走多余的路程与房间的穿套布置。

6. 窗的大小和位置

对窗户大小与位置的合适处理，可以满足建筑基本功能需求、美观需求、生态需求与经济需求。

（1）民用建筑采光等级

根据使用者工作要求的精细程度不同，从极精密到极粗糙，民用建筑采光等级可以分为Ⅰ、Ⅱ、Ⅲ 、Ⅳ 、Ⅴ五级。例如，绘图室的采光等级属于要求极精密的Ⅰ级。要求越精密的房间，其窗地比也越大。

常用房间最低窗地比：

设计室、绘图教室等（采光等级Ⅰ）：1/4；

阅览室、实验室等（采光等级Ⅱ）：1/5；

办公室、教室等（采光等级Ⅲ）：1/6；

起居室、卧室等（采光等级Ⅳ）：1/7～1/8；

走廊、楼梯间等（采光等级Ⅴ）：1/10；

仓库、储藏间：1/10。

（2）窗的大小

窗的大小取决于建筑的采光等级、建筑的节能要求、建筑的造型需要及建造成本，要综合考虑上述几项因素。通常，建筑采光等级越高，窗越大；在寒冷地区，建筑节能要求越高，窗越小。

（3）窗的位置

开窗的位置选择直接关系到建筑通风的好坏，可以将窗户和门（或窗户）分别布置在相对的墙面上，位置也尽可能相对，以利于形成穿堂风。

二、辅助房间

辅助房间在建筑内主要提供辅助服务功能，例如：住宅内的厨房、厕所，博物馆内的库房，电影院内的放映间以及一些设备用房等。

辅助房间平面的设计依据、要求和方法与主要房间平面设计大同小异。辅助房间也会根据其服务主体的特点而设计，具体需要注意以下几点：

（1）不与主要房间争夺标准

在不影响使用的前提下，各方面的建筑标准可以放低。

（2）不干扰主要房间的使用

容易产生大量噪声或气味污染的辅助房间。其位置不宜与主要房间太近，或采取一定的技术措施，以保证主要房间的使用。

（3）主次联系方便

辅助房间主要是为主要房间服务，所以两者一定要有紧密的连接。卫生间是最常见的辅助房间，下面重点介绍卫生间的平面设计。

卫生间的设计需要考虑卫生防疫、设备管道布置等要求。住宅和公共建筑内的卫生间设计要求各有侧重。

1. 住宅卫生间

住宅卫生间的面积通常设为4～8m²。较大面积的住宅要有超过两个卫生间。卫生间应该有防水、隔声、通风与方便检修的条件。在条件允许的情况下，卫生间可以考虑干湿分离、公私分区设计（图11-4）。

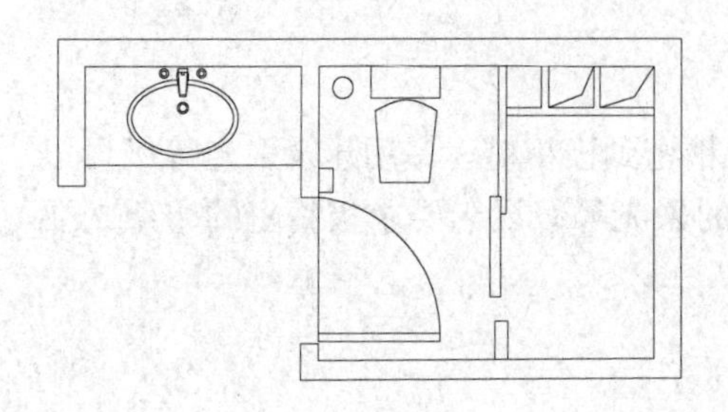

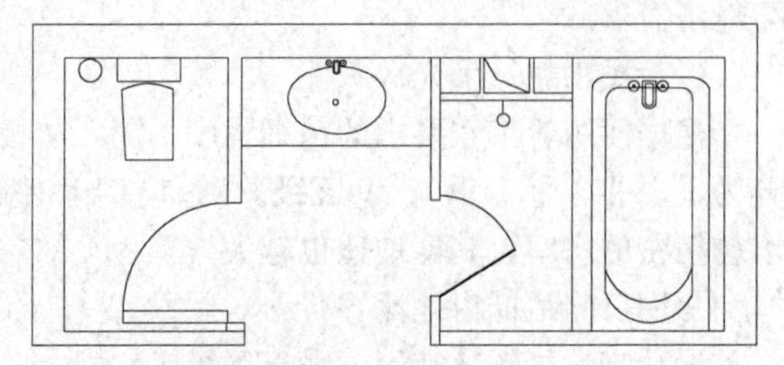

图11-4　公私分区、干湿分离的住宅卫生间

（1）水平布置要求

卫生间若不设前室不应直接朝向卧室与厨房。在住宅内的卫生间要满足通风换气的需求，水平布置中可以对外开窗，则使用自然通风，条件不允许也可以使用机械排风。

（2）竖向布置要求

卧室、起居室以及厨房的上层不能设置卫生间，可以在本套型内的卧室、起居室和厨房上层设置卫生间。

2. 公共卫生间

在类似餐厅、变配电所的一些公共房间内一般都有严格的卫生与防潮规定，通常设置前室，但不能在此类房间上直接设置卫生间。此外，还应遵循以下要求：

① 公共卫生间空间满足基本使用条件下，尽量避免大面积的设置。

② 可以满足天然采光、通风的需求。

③ 避免不必要的管道设置，保证厕所与盥洗室处于左右或上下的位置关系。

④ 卫生间位置既要隐蔽，又要易找。

⑤ 合理处理防火与排水问题。

三、交通枢纽

这一阶段的设计任务是对前一阶段所获得的初始方案的深化，即细致化平面立面剖面和总平面。交通枢纽设计与之前的主要、辅助房间设计在建筑设计中的作用都不容忽视。

交通联系空间是建筑的重要组成部分，建筑物里的交通空间可以将各不同性质的空间联系起来。

1. 交通联系空间设计原则

① 方便通行，保证交通线路简洁。

② 出现突发事件时，方便人员疏散。

③ 有一定的自然采光、通风与人工照明条件。

④ 尽量减少过多的交通空间，避免其占据主要使用空间。

建筑交通联系空间由类似于走道、楼梯的水平与垂直方向交通空间和交通枢纽三个部分构成。

2. 水平交通空间

水平交通空间是联系同一层楼内各个部分的狭长空间，多指走道、连廊等。

（1）走道的宽度

走道宽度应符合人流畅通和建筑防火要求。单股人流宽度为 0.55～0.7m，双股人流通行宽度为 1.1～1.4m，根据可能产生的人流股数可以推算出走道的最小宽度。公共建筑中，门扇开向走道的，走道宽度要加宽。

无障碍走道要考虑轮椅的通行宽度。一辆轮椅通行的最小宽度为 0.9m，大型公共建筑的无障碍走道宽度应不小于 1.8m 。

公共建筑走道净宽一般不小于 1.50m。人员密集的公共场所，例如影剧院等，走道宽度另有规定。

常用走道宽度：

① 教学楼：

走道单面设教室：1.8～2.4m；

走道双面设教室：2.4～3.0m。

② 办公楼 1.8～2.4m。

③ 门诊部：

单边候诊：2.1～2.7m；

双边候诊：2.7～3.6m。

（2）走道的长度

根据安全疏散的需要，走道从房间门到楼梯间或外门的最大距离以及袋形过道的长度，都是有限制的。如果走道采用敞开式外廊、增设自动喷水灭火系统，两个楼梯之间的距离就可以增加，如果楼梯间采用非封闭楼梯间，走道长度则需要缩短（图 11-5）。

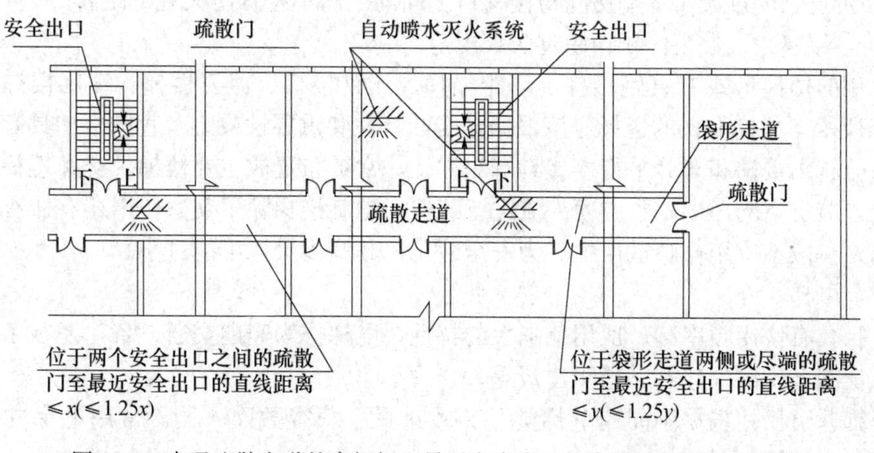

图 11-5　直通疏散走道的房间门至最近安全出口的直线距离平面示意图

（3）走道的天然采光和通风

除了某些建筑（如大型宾馆）可以使用人工照明外，走道一般使用天然采光。内走道解决天然采光的方式：

① 端部设采光口。

② 利用开敞空间采光。

③ 局部单面走道采光。

④ 顶部采光，间接高窗采光。

（4）连廊

将多个不相连且彼此独立的建筑空间通过一条又长又细的空间串联起来，将多个空间整合成一个整体的建筑空间，其中起连接作用的狭长空间被称为连廊。

连廊的设计也应该结合建筑周围的环境，可以做成开放形式的，也可以做成围合封闭形式的，若连廊所处位置有高差，可以在廊内设置台阶。

3. 垂直交通空间

将不同高度空间进行连接的空间可以称为垂直交通空间，例如楼梯、电梯、自动扶梯以及坡道等。

（1）楼梯

楼梯是连接建筑垂直空间的重要纽带。楼梯宽度要依据不同的使用要求去落实，选择合适的楼梯形式，确定楼梯的数量。楼梯在建筑中根据不同情况，承担作用侧重点也有所不同，所以楼梯地位也分主次。主要楼梯在门厅或出入口周围布置，楼梯的方位应与主要使用人群流动方向保持一致。次要楼梯通常位置、朝向均有欠缺，或者出现在建筑的拐角位置。

楼梯宽度主要指梯段净宽。其具体数值主要根据通过人数和建筑防火要求来确定。楼梯梯段改变方向时，平台深度不应小于梯段深度。直跑楼梯平台深度不应小于1.2m。

建筑中楼梯的数量需要根据每层容纳人数和建筑防火要求来确定。公共建筑通常布置两个楼梯。以下情况需要设置两个及其以上的楼梯：

① 走道长度过大，尽端房间与楼梯口之间的距离不符合防火规范距离。

② 各层容纳人数与面积均超过防火规范。

常用的楼梯形式有直跑楼梯、双跑楼梯、三跑楼梯、剪刀楼梯、螺旋楼梯等，如图11-6所示。楼梯形式的选择应该根据建筑的特性和重要性决定。直跑楼梯具有强导向性。双分转角楼梯和双分平行楼梯具有对称性，常被布置成主要楼梯。交叉楼梯、剪刀楼梯可以节省空间占地，也方便人流进行疏散。螺旋楼梯除了交通作用还有兼有美化空间作用，一般不应用作疏散楼梯，为安全起见，其踏步尺寸不能过小。

（2）电梯

电梯具有使用频率高、适用范围大的特性，电梯作为竖向交通设备，还在于多层建筑中广泛服务于医疗建筑、老年建筑等。

电梯井道尺寸根据不同的电梯类型、载重量、载客数而不同。常用电梯井道尺寸（宽×深）如下（单位：mm）。

公共电梯：2400×2300，2600×2600；

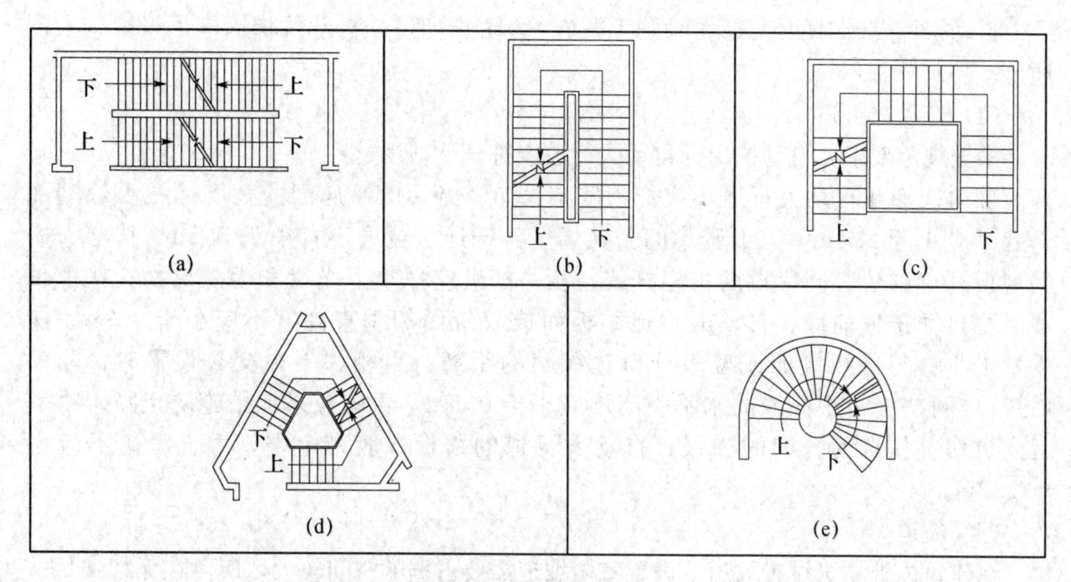

图 11-6　常见楼梯形式

(a) 剪刀式楼梯；(b) 双跑平等楼梯；(c) 三跑楼梯；(d) 三角形三跑楼梯；(e) 螺旋楼梯

住宅电梯：1800×2100，2400×2300；

病床电梯：2700×3300；

载货电梯：2700×3200。

电梯不能被当成安全通道出口使用，所以在建筑物设置电梯的同时，还应布置疏散楼梯。电梯主要布置在重要出入口或平面中心等地周围，电梯厅的深度应满足人流安全进入，避免不安全事件的发生。多台电梯进行排布时，应注意电梯个数，单侧布置不应超过 4 台，双侧不超过 8 台，如图 11-7 所示。

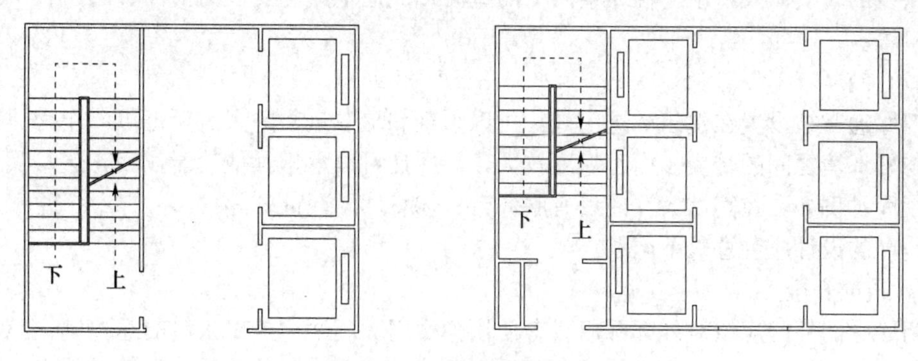

图 11-7　电梯与楼梯组合案例

(3) 自动扶梯

在使用者流动快且多的公共建筑中多会配以自动扶梯，例如候车厅、航空站、地铁站、购物中心等。

在人流密集的场合，自动扶梯的梯级宽度最好设置为 1m，且自动扶梯与水平地面的夹角在条件允许的情况下设为 30°最为合适。商业营业厅自动扶梯上下端的水平部分应满足安全运行长度，且 3m 范围内不得兼作他用。

自动扶梯以成对的形式上下排列设置。为防止拥挤，自动扶梯周围尽量减少人流通行。

(4) 自动人行道

根据规范要求，自动扶梯、自动人行道应符合下列规定：

自动扶梯和自动人行道不应作为安全出口。出入口畅通区的宽度从扶手带端部算起不应小于2.5m，人员密集的公共场所其畅通区宽度不宜小于3.5m。扶梯与楼层地板开口部位之间应设防护栏杆或栏板。栏板应平整、光滑和无突出物；扶手带顶面距自动扶梯前缘、自动人行道踏板面或胶带面的垂直高度不应小于0.9m。扶手带中心线与平行墙面或楼板开口边缘间的距离：当相邻平行交叉设置时，两梯（道）之间扶手带中心线的水平距离不应小于0.5m，否则应采取措施防止障碍物引起人员伤害。自动扶梯的梯级、自动人行道的踏板或胶带上空，垂直净高不应小于2.3m。

(5) 坡道

在建筑内外均可设置坡道。设置室内坡道需要占据的空间较大，所以在无特殊想法的建筑设计中，室内坡道通常被设置于多层车库的设计中，在博物馆类建筑中多用于创造迂回空间的路径。室外坡道一般设在公共建筑的出入口处。

常用坡道坡度（高/长）如下：人行坡道室内不宜大于1∶8，室外不宜大于1∶10，坡道转弯处休息平台深度不小于1.5m。残疾人坡道不应大于1∶12，残疾人坡道长度超过9m时宜设休息平台，平台深度不小于1.2m。汽车库内（小型车）通车道最大坡度。

4. 交通枢纽空间

交通枢纽空间是指交通系统中的节点空间，可以有助于人流的集中与疏散、使用者行走路线的转变以及在不同性质空间上的过渡，交通枢纽主要设为门厅、过厅、中庭与出入口等。

(1) 门厅

门厅通常被设置在建筑的进门处，可以承载和疏散过往的人流，也可以作为建筑内环境与外环境之间的转换。由于尺度较大，门厅还可以承担其他功能作用，这时我们称其为大厅，例如，在宾馆大厅内设有服务台、休息厅、问询处等。

门厅的设计应注意以下问题：

① 疏散安全

门厅中的外门应该对外部开启或者使用弹簧门。门厅对外出入口的总宽度，应不小于通向该门厅的过道和楼梯宽度的总和。在一些人流多的公共建筑中门厅对外出入口的宽度应依据每百人0.6m的宽度进行计算。

② 面积适宜

门厅面积的设定应综合考虑建筑规模、类型、质量标准等因素，或者借鉴相关面积定额指标确定。

③ 流线清晰

处理好门厅内各流线的关系，避免交叉。以医院门诊楼门厅为例，要妥善安排好问讯、挂号、交费、取药等各股人流，并且各自预留出排队等候空间。

④ 布局合理

门厅联系了建筑的内外空间，一般在建筑平面构图上占据比较显著的位置。门厅要顺应主要人流、车流的方向，进入方式较为流畅。

⑤ 空间处理

门厅的尺度与形状、组织方式以及装饰细节有助于建筑内部空间风格的塑造。

（2）过厅

过厅作为过渡空间可以使聚集的人流进行一次再分散，是进行平面组织的常用方式。过厅在尺度上较主要门厅要小，其设计原则与门厅相同。过厅承担了人流再次分配的作用，因此，过厅内部往往设有位置明显的楼梯，也连接有多个方向的通道。和大厅相比，过厅的尺度较为宜人。

（3）出入口

建筑出入口是室外环境与室内环境的分界，建筑出入口可以设计成多种形式，出入口通常应被设计的引人注目或富有特色，可以起到引起行人注意。例如，结合雨棚、门廊等制造虚空间，虚实结合产生对比效果。

第四节　建筑剖面设计

建筑剖面是建筑设计全过程中一个不可缺少的部分，剖面设计是根据建筑的需求功能、面积规模等将建筑物在竖向上的一些空间进行组合，从而确定建筑物的层数；各楼地面、屋面与外墙的交接做法；内部空间的利用以及各细部尺寸的确定等。建筑剖面设计与建筑平面、立面设计是相互贯穿的，必须做到紧密结合。

建筑剖面可以展现建筑各纵向空间的联系，反映建筑外部的体量和建筑结构、通风采光、屋面排水、墙体构造、内部装修等一系列技术措施。完善剖面设计就是进一步推敲上述这些问题如何得到合理解决的过程。同时，也为下一步立面设计提供在高度方向上形体变化和洞口尺寸的依据。

一、各部分空间的高度

1. 净高与层高

净高指室内地坪到楼板底面或吊顶面的垂直距离；若楼板下有梁，净高应是从地坪至最低的梁底面的垂直距离。建筑层高是指净高与建筑结构构造厚度的总和，即相邻楼层地面之间的垂直距离（图 11-8）。

确定房屋层高时应考虑到该房间的功能，功能会影响房间使用者的活动特点从而限定房间层高，比如：

居住建筑为生活用房，使用人数少，房间面积小，家具设备简单，其层高一般控制为 2.8～3.0m；集体宿舍在有高低铺时，其层高应不少于 3.3m。

公共建筑使用人数较多，房间面积大，其层高相应也需提高，如中小学教室、办公室通常控制为 3.3～3.6m。

影剧院，使用人数较多，还有视线、音质等要求，其层高控制因素也就较多；体育

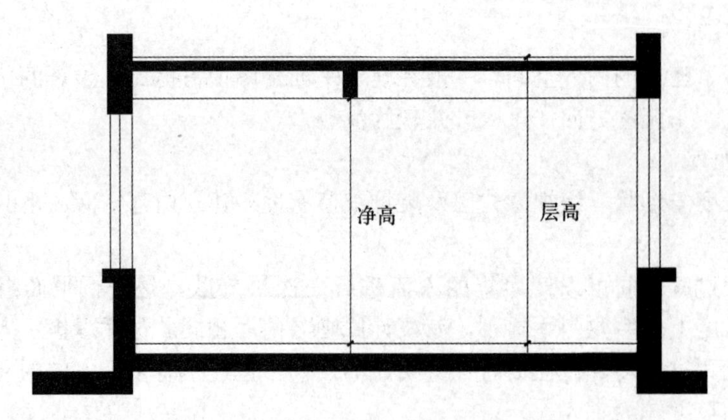

图 11-8　建筑层高与室内净高示意图

场馆、比赛大厅，在考虑不同规模、人数、设备以外，还需考虑到不同球类的投掷高度。

2. 建筑细部高度

（1）室内外地面高差

一般情况下，建筑室内外应该做出 300～600mm 的高差，以防雨水的流入和建筑物的沉降。

（2）室内窗台高度

室内窗台的高度根据使用人以及设备的尺寸和使用性质决定。生活、学习、工作用房：900mm；幼儿园教学用房：700mm；休闲、疗养景观房：150～600mm（必要时需加设栏杆，加强安全）；展览用房：2100mm 以上；公共卫生间、盥洗室：1800mm 以上。

（3）窗槛墙高度

窗槛墙是指下层窗户上沿到上层窗台之间的墙体。窗槛墙可以在一定程度上保证建筑物的消防安全，在建筑防火规范中对窗槛墙高度有明确的限制范围。

在《建筑设计防火规范》（GB 50016—2014，2018 年版）6.2.5 中，“建筑外墙上、下层开口之间应设置高度不小于 1.2m 的实体墙或挑出宽度不小于 1.0m、长度不小于开口宽度的防火挑檐；当室内设置自动喷水灭火系统时，上、下层开口之间的实体墙高度不应小于 0.8m。”

二、采光、通风、视听等功能需求

1. 采光需求

由于功能与卫生需要，通常房间中需要满足采光、通风、视听等条件。

优质的室内采光条件与建筑采光口的排布、数量、高度和大小密切相关。当房间决定使用单侧进行采光时，侧窗上端离地面的距离宜超过一半的房间进深；当房间使用双侧房间采光时，窗户上端与地面的距离宜超过房间总进深的 1/4（图 11-9）。

跨度大的单层建筑，例如厂房，在考虑采光时可以选择三向采光；例如画室、展览馆等有特殊要求的房间可采取特别的采光方式。

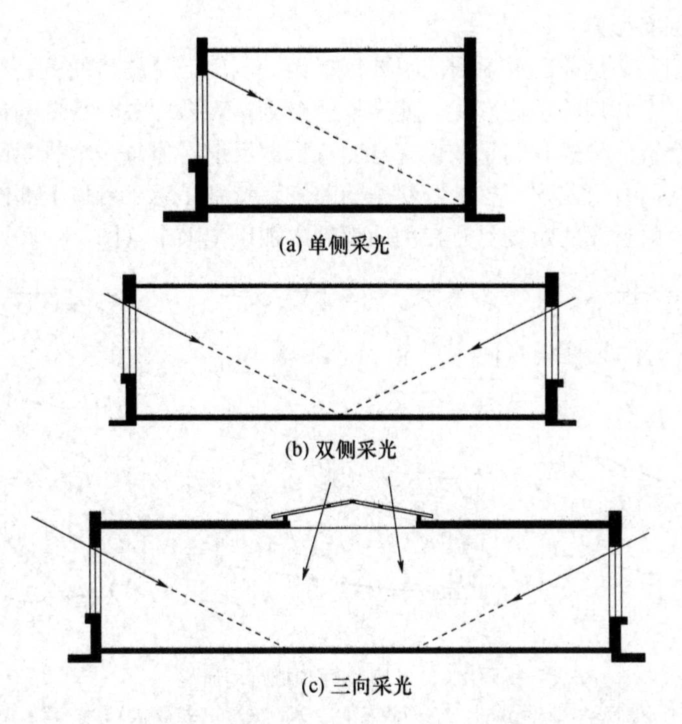

图 11-9　单向、双向、三向采光示意图

2. 通风需求

房间内的通风进风口会在建筑剖面上得以体现，进风口位置对房间净高造成影响，设计者经常利用压力差，采用侧窗及高窗的设计来争取良好的自然通风效果。水平距离不宜过大；否则不利于通风与采光，通常只需要满足结构构造尺寸 D 即可(图 11-10)。

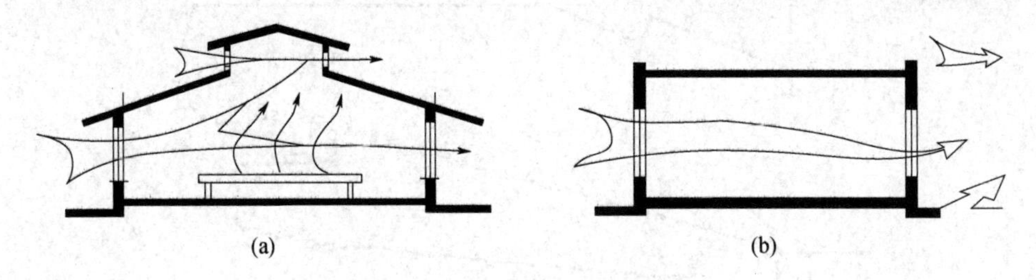

图 11-10　室内通风需求示意图

3. 视听需求

很多建筑都对视听有严格的要求，以观演建筑为例，观演建筑以表演功能为主，所以观众厅的视觉和听觉设计有较为严格的要求，必须保证观众能听得好、看得好。为此，要通过剖面设计研究推敲观众厅的空间形态。

(1) 观众厅容积

观众厅的音质取决于最佳混响时间和足够的自然声压级。因此，观众厅体积的大小至关重要。如果平面设计已确定了平面形式，那么在剖面设计中，按照合理的容积要求即可确定观众厅的平均高度。

（2）顶棚剖面形式

观众厅顶棚是产生前次反射声的重要反射面。剖面设计的目的就是结合美观、照明的要求研究出一个合理的顶棚形状，使声反射能到达观众厅各个需要的部位。例如，顶棚若设计成多个折面形式有利于按设计意图进行声反射，但每一个折面的倾斜角度都因反射的区域不同而有所差别。这种倾斜角的差别，特别是对于台口上部的顶棚和接近后墙的顶棚，其反射折面的角度只有在剖面设计中加以推敲了（图 11-11）。

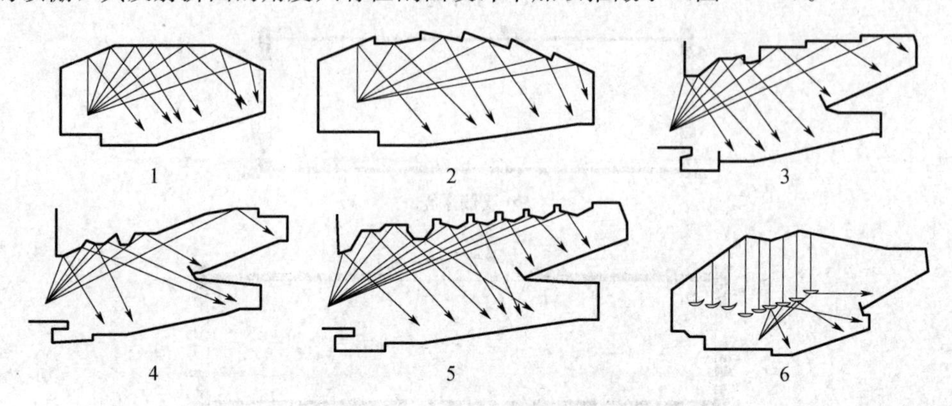

图 11-11　观众厅顶棚剖面研究

1—平面式；2—锯齿式；3—折线式；4—弧面式；5—扩散体式；6—浮云式

（3）楼地面升起值

为满足所有位置的观众都可以获得良好的视觉体验，避免后排观众被遮挡，对观众厅地面的处理应有相对应的升起高度 C，以此作为确定楼地面升起的依据。同时，通过剖面检查楼座最后排观众看到大幕处舞台面的最大俯角不应大于 20°，以保证观众能看清演员的表情（图 11-12）。

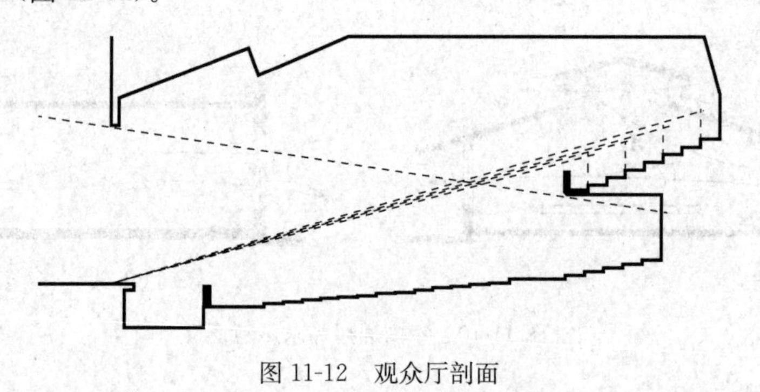

图 11-12　观众厅剖面

三、空间形式关系

建筑物在竖向上通常用楼板分隔成各自独立的楼层。当需要在平面某部位上下层空间贯通时，就需要在剖面上研究如何进行空间的水平划分，使之不仅要满足上下层功能要求，也要从空间美学上完善细部处理。

1. 通过夹层划分空间

当一个高大的公共空间，需要做水平二次空间分隔形成夹层空间时，这个水平分隔体置于何处较为合适？除去要考虑功能、技术等条件外，还有一个空间比例尺度的问题需要推敲。比较一下图 11-13 两个剖面：（a）方案夹层楼板偏上，（b）方案夹层楼板居下。以人的正常尺度和空间比例来衡量，显然（a）方案楼板“吊”得太高，尺度不合适；而（b）方案楼板使下部空间矮于上部空间，与人的尺度亲近，观感较好。而且，夹层空间作为公共空间与下层高大公共空间相互流通；而夹层下部低矮空间作为服务空间或过渡空间，其空间形态也恰到好处。其次，就楼板进深而言，前者深度超过大空间进深的一半，因而感到上下贯通空间的开口过小，比例不合适；而后者楼板进深浅，上下贯通空间开口大，空间就舒服得多。显然，完善剖面设计日寸，宜采用（b）方案。为此，对平面的相应尺寸做必要的调整。

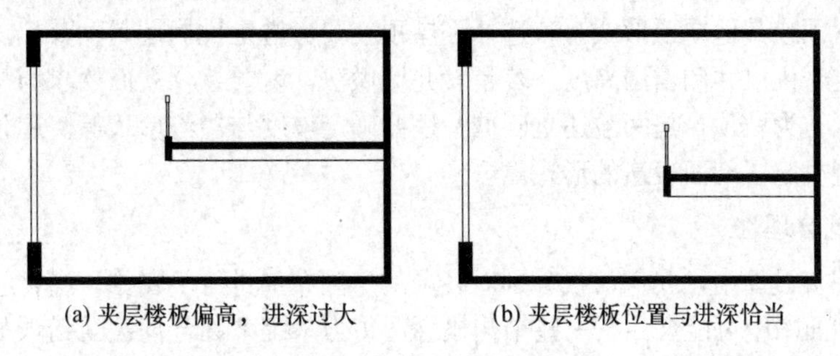

(a) 夹层楼板偏高，进深过大　　(b) 夹层楼板位置与进深恰当

图 11-13　夹层空间的剖面研究

上述分析的例子在设计图书馆的阅览室、影剧院的门厅、火车站的广厅、宾馆的大堂时都会遇到，甚至别墅的客厅等都可以碰到，欲想使这些公共空间富于变化且设计很得体，必须在剖面上多精心研究。

2. 通过中庭划分空间

中庭空间的剖面形式是若干层楼面在同一平面位置上下开口，构成一个高大、上下楼层贯通的内部空间形态。中庭空间是一个综合性空间，既可以作为交通枢纽，也可以作为人群社交空间，如果设计得当，也可以成为一个序列中的高潮。在这个高大空间中，每层都包含多个空间，由中庭集中，中庭顶面可以使用各种形式的天窗，底面又连接多个不同设计的小空间，想要将中庭的空间特征完美、完整地表现出来，需要在剖面设计中进行细化。

例如，中庭空间的体量、形态、高宽比、顶部采光方式、地面设计要素的起伏、空间彼此间的联系与分隔、空间体的设置等，这些设计问题的解决与完善往往要通过对剖面的推敲来决定。仍然要运用系统思维、综合思维的方法，充分考虑空间美学、功能要求、建筑结构、建筑节能、防火安全等。同时，还要对照平面设计所确定的条件，互动进行推敲、同步进行深化。此外，还要考虑受体量构思的制约。

3. 利用结构产生的小空间

在平面设计中，有些次要空间常被忽略，可是在剖面设计中只要深入思考，这些边角空间就可以得到充分开发与利用。例如，楼梯间底层休息平台下部空间可以挖掘出来作为储藏间，甚至可作为其他辅助功能使用。为此，在剖面上就要推敲，如何提高储藏间的净高，如调整等跑楼梯为长短跑楼梯即可达此目的。而楼梯间顶层的空间也是可以挖掘出来的。在住宅设计中，这种设计方法经常会遇到。甚至在坡屋顶住宅中，顶层吊顶内隐藏着巨大的空间潜力，只要在剖面上精心研究，可以开发出数量可观的使用面积。

四、结构与节点

1. 节点构造剖面设计

剖面不仅反映了空间在竖向上的构造与变化，而且也表达了墙体与梁板、楼地面及屋顶各个构件相互搭接关系与构造方法。它们是今后施工图设计的基础，也是立面线角起伏变化的依据。尽管在完善剖面设计中尚不能细致深入到对材料、形状、尺寸的最后确定，但至少在概念上要清楚、交代要正确。例如梁板与柱的交接正确的表达。尤其是对屋面节点构造的推敲更是作为完善剖面设计的依据。此时，设计者首先要确定屋顶形式方案，如平屋顶、坡屋顶或其他屋顶形式。若选择平屋顶就要考虑是挑檐还是女儿墙。若是挑檐做法，就要确定悬挑尺寸和檐沟高度。若是女儿墙做法，就要综合立面要求与构造尺寸确定女儿墙高度。若为坡顶，是两坡还是四坡？还要确定坡度与檐沟形式等。屋顶这些节点构造的合理性就决定了剖面表达的形式。

2. 结构的合理性

在平面完善设计中，我们仅仅分别对各层的房间布局进行了安排，当将它们叠加起来时，在若干剖面图中可能会出现一些结构概念、传力系统不甚合理甚至错误的地方。此时要通过调整平面，或者通过调整结构途径使问题得以解决，以此完善剖面设计。

在一些大型公共空间内常设置主楼梯或自动扶梯直上二层。此时，其二层相应部位要开多大的口才能保证人员拾级而上时，中途不会因结构构件而碰头等问题。

从上述剖面完善设计的诸项推敲深化工作中我们可以看出，剖面设计不仅是被动反映平面设计在竖向上的空间关系，也是能动地促进平面设计更完善地得到确认。同时它既受到后一阶段立面设计的指导性意念支配，又以自身的完善设计成为立面设计的依据。作为设计程序，剖面设计虽是在平面设计之后，立面设计之前，但作为设计方法，它们应是互动的，是在同步深化中各自完善的。

第五节　建筑立面设计

在确定建筑整个形体或在设计建筑形体的过程中，应对各组合单元中的门、窗、柱、廊等建筑构件在比例、尺度、虚实、凹凸、方向以及材料的质感与色彩等方面进行研究和确定。

一、比例、尺度、天际线

1. 比例

指建筑物整体与局部，局部与局部之间在度量（长、宽、高）上的一种制约关系。立面设计时，常常会运用几何分析法来探索各要素的比例，以求得它们之间的对比、变化以及和谐统一。

2. 尺度

指建筑物整体或局部与人或某一物体之间在度量关系上存在的一种制约关系，简单来说就是建筑物整体或局部给观赏者视觉上造成的体量感和其实际体量之间的关系。

即使有整体和局部的比例相同的建筑，也可以通过尺度的把控从而产生截然不同的视觉体验，建筑设计师综合考虑所设计建筑的使用性质、地形环境和体形等条件，通常情况下会设计出三种尺度的方案，分别为自然、亲切和夸张，以设计各种尺度下的建筑立面。

（1）自然尺度

自然尺度就是我们最常见的尺度，其建筑体量或门、窗、门厅和阳台等各构（部）件均按正常使用的标准大小而确定，大量民用建筑中的住宅、中小学校、旅馆等建筑常运用自然尺度的处理形式。

（2）城市尺度

与亲切尺度相反，夸张尺度将建筑整体体量或局部的构（部）件尺寸有意识地放大，以追求一种高大、宏伟的感觉。夸张尺度主要运用于政府办公大楼，作为权力象征的公安、法庭建筑，以及一些规模较大的车站、交通建筑等。

3. 天际线

立面的外轮廓，特别是天际线的轮廓往往给人以突出的印象，也是设计者刻意追求立面变化的部位。值得注意的是，我们不但要推敲正立面外轮廓的起伏变化，更要通过勾画小透视推敲立面上形体的变化对立面外轮廓线的影响。在现实中，我们会发现有些建筑立面的天际轮廓线变化十分丰富，可是从透视上看却是薄薄一片装饰构架，显得牵强附会。

因此，一个好的立面外轮廓总是与立面上形体的凹凸变化取得和谐一致的。而且这种形体变化最好是带功能性的。如住宅建筑的转角阳台、幼儿园建筑屋顶平台上的伞亭、博览建筑的特殊采光装置、宾馆建筑的顶层旋转餐厅、商业建筑的广告设施、交通建筑的钟塔、电信建筑的天线接收器等，以及许多公共建筑利用楼梯间、电梯间突破屋顶天花板的限制，从而暴露在外界的做法，都是在满足功能的基本条件下，为达到更好的美学体验，丰富建筑造型层次而设计。

二、虚实与凹凸

虚实与凹凸变化的处理可以在视觉上产生强烈的对比，也是对比效果中经常使用的方式之一。在建筑立面设计中的“虚”是指墙面实体感的减法处理，主要是利用玻璃、洞口、廊、凹凸材质、贴面或将其组合等方法形成阴影面。“虚”可以打破建筑的沉稳感，使建筑更加轻盈活泼。立面的“实”是指墙体中的实体部分，例如墙、柱、突出的墙面、栏板等，在立面给人带来一种敦实、稳重感。

所以立面设计时要结合建筑物各房间的功能，灵活地结合虚与实或凹与凸，从而得到和谐的统一，如图 11-14 所示。

虚实结合，相互对比，成为建筑立面设计中运用最为广泛的手法之一，如图 11-19 所示的西班牙王后大剧院，其外形饰面材料绝大多数均为钢筋混凝土，但设计者将整个外表以半封闭半开放的手法，有机地组合出不同的凹凸变化。尤其在光影的作用下虚中有实，实中有虚，显示出极为强烈的雕塑感。

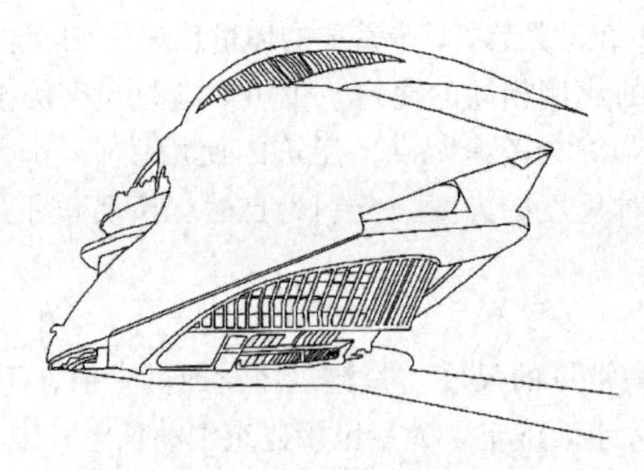

图 11-14　西班牙王后大剧院

三、重点和细部

建筑物的构件（雨棚、钟塔等）或主入口的造型处理等细节虽不如建筑整体形态给人带来的冲击性强，但这些细部的设计可以帮助建筑营造良好的氛围，所以都需要认真进行处理，用以强调建筑的个性，从而吸引人们的视线。细部设计若能与建筑整体有良好的融合性，就能起到“画龙点睛”的效果。

四、色彩与质感

色彩的搭配与质感的塑造能直接影响建筑的整体风格，利用色彩与质感作为立面设计亮点是很多建筑设计师喜欢用的处理手法，色彩与质感的合理选择也是建筑立面设计的重要环节。大面积的外墙在进行色彩选择时，一般以淡雅的色调为多，在此基色上，再适当选择一些与其相协调或对比的色彩进行有机组合，从而获得良好的效果，因为材料的色彩与质感，它给人们在视觉的冲击和联想方面起到非常大的作用。

还有一些建筑物，由于其周边建筑风格和其在城市规划中担当的“角色”，可能限制建筑设计师在色彩与质感方面做出与周边环境突兀对立的选择。有些建筑物也需要继承当地建筑的地域特色（在体形设计时已有充分考虑除外），在色彩与质感的选择上也必须给予重点考虑。

参考文献

[1] 余强．设计学概论［M］．重庆：重庆大学出版社，2014.

[2] 李立新．设计艺术学研究方法［M］．南京：江苏美术出版社，2010.

[3] 凌继尧．艺术设计学［M］．上海：上海人民出版社，2006.

[4] THEODORE M. GREENE. The arts and the art of criticism［M］. Princeton：Princeton University Press，1940.

[5] 尹定邦．设计学概论［M］．长沙：湖南科学技术出版社，2005.

[6] 顾永芝．艺术原理［M］．南京：东南大学出版社，2005.

[7] 张宗登．设计社会学［M］．合肥：合肥工业大学出版社，2015.

[8] 赵江洪．设计心理学［M］．北京：北京理工大学出版社，2004.

[9] 夏燕靖．中国设计史［M］．上海：上海人民美术出版社，2009.

[10] 赵农．中国艺术设计史［M］．西安：陕西人民美术出版社，2004.

[11] 杜海滨，胡海权，赵妍．中国古代造物设计史［M］．沈阳：辽宁科学技术出版社，2014.

[12] 卡尔·马克思，弗里德里希·恩格斯．马克思恩格斯论艺术［M］．曹葆华，译．北京：人民文学出版社，1960.

[13] 黑格尔．美学［M］．朱光潜，译．北京：商务印书馆，1986.

[14] 沈爱凤．中外设计史［M］．北京：中国纺织出版社，2014.

[15] 黄音．巨匠素描大系：达·芬奇［M］．长春：吉林美术出版社，2000.

[16] 赵旻．走进艺术大师生活丛书：拉斐尔［M］．上海：上海人民美术出版社，1998.

[17] 李晖，刘博．写意天空巴洛克艺术［M］．天津：天津科学技术出版社，2011.

[18] 李延龄．建筑设计原理［M］．北京：中国建筑工业出版社，2011.

[19] 鲍家声．建筑设计教程［M］．北京：中国建筑工业出版社，2009.

[20] 黎志涛．建筑设计方法［M］．北京：中国建筑工业出版社，2008.

[21] 宫宇地一彦．建筑设计的构思方法：拓展设计思路［M］．马俊，里妍，译．北京：中国建筑工业出版社，2005.

[22] 龙灏，孙天明，张庆顺．住宅建筑设计原理［M］．4版．北京：中国建筑工业出版社，2019.

[23] 张文忠，赵娜冬．公共建筑设计原理［M］．5版．北京：中国建筑工业出版社，2021.

[24] 吕新明，吕伟国．关于建筑学的若干探讨［J］．中国新技术新产品，2011（6）：185.

[25] 中华人民共和国住房和城乡建设部，国家市场监督管理总局．民用建筑设计统一标准：GB 50352—2019［S］．北京：中国建筑工业出版社，2019.

[26] 孙扬德，管伟光，乔晓彤．计算机辅助建筑设计系统［J］．哈尔滨科学技术大学学报，1994（2）：58-61，65.

[27] 杨建觉．对Context作出反应——一种设计哲学［J］．建筑学报，1990（4）：35-40.

[28] 陈喆．当代生态建筑特性评析［J］．新建筑，2002（4）：47-49.

[29] 杨秉德，张铭军．研究与实践——医院高层病房楼设计探索［J］．建筑学报，1999（3）：41-43，67.

[30] 朱兆慷，张庄．铁路旅客车站流线设计和建筑空间组合模式的发展过程与趋势［J］．建筑学报，

2005 (7): 74-78.

[31] 卢小荻．实践与认识——我国大中型铁路旅客站建筑创作的反思 [J]．建筑学报，1989 (6): 37-45.

[32] 蔡希熊．谈谈“几何母题法”[J]．建筑学报，1983 (3): 54-56.

[33] 赵擎夏．西藏博物馆设计回顾 [J]．建筑学报，2002 (12): 14-17.

[34] 吴昕．三明城市文化广场建筑设计 [J]．城市建筑，2013 (10): 20-21.

[35] 郑方，王慧明．“水立方”的设计思想和新技术的应用 [J]．建筑创作，2007 (7): 88-101.

[36] 黄正荣．解构主义建筑的哲学述评——兼论建筑的本原 [J]．重庆交通大学学报（社会科学版），2014，14 (2): 92-97.

[37] 吴良镛，朱育帆．基于儒家美学思想的环境设计——以曲阜孔子研究院外环境规划设计为例 [J]．中国园林，1999 (6): 10-14.

[38] 郭盛友，严治军．中庭建筑烟气控制措施分析 [J]．重庆建筑大学学报，1999 (4): 19-23.

[39] 宋莉．论“过渡性空间”及其机能作用 [J]．南方建筑，1998 (4): 84-87.

[40] 王仕统．钢结构基本原理 [M]．广州：华南理工大学出版社，2005.

[41] 裴刚．房屋建筑学 [M]．广州：华南理工大学出版社，2002.

[42] 金朝晖．城市商业综合体建筑防火分区和安全疏散设计要点探讨 [J]．建筑知识：学术刊，2013 (B09): 21-21，29.